高等学校"十三五"规划教材

工程力学实验教程

——基础力学、电测与振动

郭空明　徐亚兰
王芳林　师　阳　编著

西安电子科技大学出版社

内 容 简 介

　　本书是一本力学实验教材，是针对新形势下本科力学类课程课内实验的要求而编写的。本书覆盖面广，包含理论力学实验、材料力学实验、流体力学实验和振动力学实验四部分，每部分又包含四个基础实验，基本覆盖了一般高校教学大纲规定的实验内容，并对实验的基础知识和实验设备进行了详细介绍。

　　本书可作为力学、机械、土木工程、航空航天、船舶等专业本科生的力学课程实验教材，也可作为相关技术人员的参考书。

图书在版编目(CIP)数据

工程力学实验教程：基础力学、电测与振动/郭空明，徐亚兰，王芳林，等编著. —西安：西安电子科技大学出版社，2019.10
ISBN 978 - 7 - 5606 - 5474 - 4

Ⅰ. ① 工… Ⅱ. ① 郭… ② 徐… ③ 王… Ⅲ. ① 工程力学—实验—高等学校—教材
Ⅳ. ① TB12 - 33

中国版本图书馆 CIP 数据核字 (2019) 第 211024 号

策划编辑	戚文艳
责任编辑	马晓娟
出版发行	西安电子科技大学出版社(西安市太白南路 2 号)
电　话	(029)88242885　88201467　　邮　编　710071
网　址	www.xduph.com　　　　电子邮箱　xdupfxb001@163.com
经　销	新华书店
印刷单位	咸阳华盛印务有限责任公司
版　次	2019 年 10 月第 1 版　2019 年 10 月第 1 次印刷
开　本	787 毫米×960 毫米　1/16　印　张　7
字　数	138 千字
印　数	1～3000 册
定　价	16.00 元

ISBN 978 - 7 - 5606 - 5474 - 4/TB

XDUP　5776001 - 1

＊＊＊如有印装问题可调换＊＊＊

序

　　实验在力学的发展过程中发挥了关键和重要的作用。力学实验引导了力学理论的产生，并推动和促进了力学理论的发展。人们所熟知的伽利略开展的抛体和落体实验，阐明了自由落体的运动规律，提出了加速度的概念和惯性定律；伯努利精心设计的管道中水流动实验，得到了流体在定常运动下流速、压力和管道高程之间的关系。在科学研究的三大手段——理论分析、数值计算和实验研究中，实验仍发挥着不可替代的作用，是检验理论的标准。

　　力学作为一门最早发展和成熟起来的独立基础学科，兼有技术学科的特性。从遵循和尊重实验在力学发展进程中作用的角度出发，无论是力学的基础课程，还是力学的专业课程，均十分注重力学实验在力学理论知识传授、力学研究方法学习以及力学能力素养培养中所发挥的重要基础性作用。因此，无论是面向工科类学生开设的基础课"理论力学"和"材料力学"，还是面向特定专业学生开设的专业基础课程，如"流体力学"和"振动力学"，均设置有一定课时的实验教学内容。毋庸置疑，实验可以培养学生综合应用力学理论、数据处理、程序编制和仪器操作等多种知识的能力，培养学生自主学习、发现问题和解决问题的能力，是培养学生探索精神和增强创新能力的重要手段。

　　传统上，根据力学二级学科的划分，在高校中上述四门课程由不同教研室的教师负责讲授，而相应的力学实验（含场地和设备）也由相应教研室负责。随着教育部设立了国家级力学实验教学中心后，各个高校也逐步建设起统一规划和管理的力学实验室，配备有专职的力学实验教学和技术人员，负责主要力学课程的力学实验的教学任务，并编写了与之相配套的综合多门力学课程的工程力学实验的教材。

　　西安电子科技大学机电工程学院电子机械系的郭空明等老师结合该校力学实验近 40 年的发展历程以及现实学生综合素质培养的需求，在多年力学理论与力学实验教学经验的基础上，编写了本力学实验教材。该教材包含理论力学实验、材料力学实验、流体力学实验和振动力学实验四部分内容。该教材注重与实验相对应的力学理论公式的推导，且力求详尽，致力于引导学生综合应用所学知识。此外，该教材侧重于主要力学实验仪器和设备的基本原理介绍，有助于学生综合素质的培养。

期望这本力学实验教材的出版能够帮助学生掌握相关的力学原理，丰富学生的力学实验学习内容，为我国高等学校的力学实验教学的发展提供有益的参考。

西安交通大学　教授

2019 年 7 月 26 日于西安

前　言

早期力学学科是建立在观察和实验基础上的,目前实验手段在力学研究中仍占有重要的地位。因此,实验是力学课程教学的重要组成部分,力学课程实验对力学、机械、土木工程、航空航天等专业的本科生而言很重要。

早在 20 世纪 80 年代初,西安电子科技大学电子机械系就开设了材料力学课程的拉伸、扭转等基础实验,之后又陆续开设了流体力学、材料力学电测、振动力学、理论力学等实验,并不断更新实验内容与设备。近年来,为了满足工程专业认证的要求、学校教学部门对实验教学的要求以及学生综合素质培养的要求,我们结合多年的实验教学经验,编写了本书。学生在实验课程的学习中,结合本书的辅导,可以更好地掌握实验原理和技能,为解决工程中的实际力学问题打下坚实的基础。

本书有以下特点:

(1) 内容较全面,包含理论力学实验、材料力学实验、流体力学实验和振动力学实验。每一部分又包括基础知识、实验设备与仪器和基础实验三方面内容。

(2) 本书虽然是一本实验教材,但对理论公式的推导力求详尽,而非简单引用。例如针对振动微分方程的求解、模态线性无关的证明、电桥的输出等,给出了推导过程的细节。对于一些理论推导采用了与传统教材不同的视角,例如针对材料力学主应力的推导,采用了矩阵特征值理论,可以使学生更好地串连各门课程的知识。

(3) 对主要实验设备和仪器的原理进行了介绍。由于实验设备和仪器的原理包含力学、测控、机械、电气等多门课程的知识,因此这部分内容非常有助于学生综合素质的培养。不过,由于时间紧,加之作者知识有限,这部分内容深度还不够，这也是本书的一大缺憾。

　　本书的出版得到了西安电子科技大学教材基金(BJ1806)资助、国家自然科学基金(11502183)以及陕西省科技计划项目(2018JQ1081)的支持。本书的编写参考了许多同行的理论及实验教材，以及多个厂家的仪器及设备指导书，在此一并表示感谢。最后特别感谢西安交通大学江俊教授为本书作序。

　　希望本书的出版能给各高等院校的力学实验教学提供一些帮助和参考。由于水平有限，书中难免存在不妥，敬请批评指正。邮箱：kmguo@xidian. edu. cn。

郭空明

2019 年 7 月

目　　录

第一章　理论力学实验

1.1　基础知识

1.1.1　平面物体的重心

首先考虑图 1-1 所示的平面平行力系，假设每个力 $\boldsymbol{F}_i$ 的作用点为 $(x_i，y_i)$，所有力的合力为 $\boldsymbol{F}$，力心坐标为 $(x_c，y_c)$，则根据合力矩定理，有如下关系式：

$$\begin{cases} F\cos\theta\, x_c = \displaystyle\sum_{i=1}^{n} F_i \cos\theta\, x_i \\ F\sin\theta\, y_c = \displaystyle\sum_{i=1}^{n} F_i \sin\theta\, y_i \end{cases} \tag{1-1}$$

进而得到力心坐标为

$$x_c = \frac{\displaystyle\sum_{i=1}^{n} F_i x_i}{F}，\quad y_c = \frac{\displaystyle\sum_{i=1}^{n} F_i y_i}{F} \tag{1-2}$$

可以看出，力心坐标与平行力系作用的方向无关。

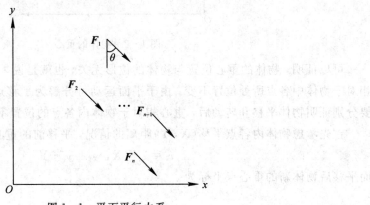

图 1-1　平面平行力系

考虑均匀重力场中的二维物体(见图 1-2),即等厚度的薄物体,其重量为 W,在 xOy 平面内将其分割为无数微元体,第 i 个微元体的坐标为 (x_i, y_i),重量为 W_i,根据式(1-2)可得

$$x_c = \frac{\sum\limits_{i=1}^{n} W_i x_i}{W}, \quad y_c = \frac{\sum\limits_{i=1}^{n} W_i y_i}{W} \tag{1-3}$$

微元体数目无限增大的极限情况下,式(1-3)改用积分形式表示:

$$\begin{cases} x_c = \dfrac{\displaystyle\int_s \rho g x \, \mathrm{d}S}{W} = \dfrac{\displaystyle\int_s \rho g x \, \mathrm{d}S}{\displaystyle\int_s \rho g \, \mathrm{d}S} \\[4ex] y_c = \dfrac{\displaystyle\int_s \rho g y \, \mathrm{d}S}{W} = \dfrac{\displaystyle\int_s \rho g y \, \mathrm{d}S}{\displaystyle\int_s \rho g \, \mathrm{d}S} \end{cases} \tag{1-4}$$

式中,ρ 为单位面积的质量,而非密度,对于均质物体,ρ 为常数;S 为二维物体的面积。

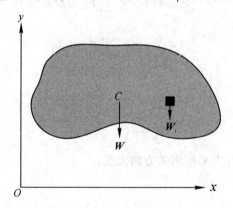

图 1-2 物体的重心

可以证明,物体的重心位置与物体的位形无关,也就是说,若物体做平面运动,则重心相对于物体中各点所处位置不变。由于平面运动可分解为平移运动和定轴转动,因此只需要分别证明物体平移和转动后,重心相对于物体内各点的位置不变即可。

首先考虑物体内各点平移 (X, Y) 距离的情况,平移前的重心点在平移后变为

$$x_1 = x_c + X, \quad y_1 = y_c + Y \tag{1-5}$$

而平移后物体新的重心点坐标为

$$\begin{cases} x_{c1} = \dfrac{\int\limits_{s}\rho g\,(x+X)\,\mathrm{d}S}{\int\limits_{s}\rho g\,\mathrm{d}S} = \dfrac{\int\limits_{s}\rho gx\,\mathrm{d}S}{\int\limits_{s}\rho g\,\mathrm{d}S} + \dfrac{\int\limits_{s}\rho gX\,\mathrm{d}S}{\int\limits_{s}\rho g\,\mathrm{d}S} = x_c + X \\[6mm] y_{c1} = \dfrac{\int\limits_{s}\rho g\,(y+Y)\,\mathrm{d}S}{\int\limits_{s}\rho g\,\mathrm{d}S} = \dfrac{\int\limits_{s}\rho gy\,\mathrm{d}S}{\int\limits_{s}\rho g\,\mathrm{d}S} + \dfrac{\int\limits_{s}\rho gY\,\mathrm{d}S}{\int\limits_{s}\rho g\,\mathrm{d}S} = y_c + Y \end{cases} \tag{1-6}$$

比较式(1-5)和式(1-6)，可得重心在物体内的位置未变化。

然后考虑定轴转动的情形。不失一般性，考虑物体绕 z 轴转动的情形。设原重心位置的矢径长度为 r，即

$$r = \sqrt{x_c^2 + y_c^2} \tag{1-7}$$

设矢径与 x 轴夹角为 θ（逆时针为正），则

$$\begin{cases} x_c = r\cos\theta \\ y_c = r\sin\theta \end{cases} \tag{1-8}$$

考虑物体绕 z 轴逆时针转动 ψ 角，此时原重心位置的坐标变为

$$\begin{cases} x_2 = r\cos(\theta+\psi) = r\cos\theta\cos\psi - r\sin\theta\sin\psi = x_c\cos\psi - y_c\sin\psi \\ y_2 = r\sin(\theta+\psi) = r\sin\theta\cos\psi + r\cos\theta\sin\psi = y_c\cos\psi + x_c\sin\psi \end{cases} \tag{1-9}$$

新的重心点坐标为

$$\begin{cases} x_{c2} = \dfrac{\int\limits_{s}\rho g\,(x\cos\psi - y\sin\psi)\,\mathrm{d}S}{\int\limits_{s}\rho g\,\mathrm{d}S} = \dfrac{\int\limits_{s}\rho gx\cos\psi\,\mathrm{d}S}{\int\limits_{s}\rho g\,\mathrm{d}S} - \dfrac{\int\limits_{s}\rho gy\sin\psi\,\mathrm{d}S}{\int\limits_{s}\rho g\,\mathrm{d}S} = x_c\cos\psi - y_c\sin\psi \\[6mm] y_{c2} = \dfrac{\int\limits_{s}\rho g\,(y\cos\psi + x\sin\psi)\,\mathrm{d}S}{\int\limits_{s}\rho g\,\mathrm{d}S} = \dfrac{\int\limits_{s}\rho gy\cos\psi\,\mathrm{d}S}{\int\limits_{s}\rho g\,\mathrm{d}S} + \dfrac{\int\limits_{s}\rho gx\sin\psi\,\mathrm{d}S}{\int\limits_{s}\rho g\,\mathrm{d}S} = y_c\cos\psi + x_c\sin\psi \end{cases} \tag{1-10}$$

比较式(1-9)和式(1-10)，可得重心在物体内的位置亦未变化。因此物体的运动不改变重心在物体内的位置。类似可证，这一点对三维物体的三维运动也是成立的。

对于形状复杂的物体，式(1-4)难以应用，此时可以用实验方法确定物体的重心。常用的方法有悬吊法和称重法。

1.1.2　单自由度系统的无阻尼自由振动

考虑单自由度振动系统，假设其位移为 x，质量为 m，刚度为 k，在不受外力时，运动

方程为

$$m\ddot{x} + kx = 0 \tag{1-11}$$

假设式(1-11)的解具有如下形式：

$$x(t) = Ce^{st} \tag{1-12}$$

其中，t 表示时间。考虑非平凡解，即不恒为零的解，则 $C \neq 0$。

将式(1-12)代入式(1-11)，可得式(1-11)的特征方程：

$$ms^2 + k = 0 \tag{1-13}$$

其特征根为

$$s_{1,2} = \pm j\sqrt{\frac{k}{m}} \tag{1-14}$$

其中，j 为虚数单位。定义系统的固有（圆）频率为

$$\omega_0 = \sqrt{\frac{k}{m}} \tag{1-15}$$

可计算出振动周期为

$$T = \frac{2\pi}{\omega_0} = 2\pi\sqrt{\frac{m}{k}} \tag{1-16}$$

则式(1-11)的通解为

$$x(t) = C_1 e^{s_1 t} + C_2 e^{s_2 t} = C_1 e^{j\omega_0 t} + C_2 e^{-j\omega_0 t} \tag{1-17}$$

其中，C_1、C_2 为复常数，由初始条件确定。

虽然从形式上看，式(1-17)的表达式可能是复数，但实际上，由于初始条件为实数，代入初始条件求出 C_1、C_2 后，$x(t)$ 的表达式必然为实数。利用 Euler(欧拉)公式，可将式(1-17)写成：

$$\begin{aligned}
x(t) &= C_1 e^{s_1 t} + C_2 e^{s_2 t} = C_1 e^{j\omega_0 t} + C_2 e^{-j\omega_0 t} \\
&= (C_1 + C_2)\cos\omega_0 t + j(C_1 + C_2)\sin\omega_0 t \\
&= A_1 \cos\omega_0 t + A_2 \sin\omega_0 t
\end{aligned} \tag{1-18}$$

其中，A_1、A_2 为新的常数，理论上为复数，但只要初始条件为实数，则从式(1-18)最后一步可以看出，A_1、A_2 必然为实常数。

将式(1-18)进一步整理为

$$x(t) = A_1 \cos\omega_0 t + A_2 \sin\omega_0 t = A\sin(\omega_0 t + \theta) \tag{1-19}$$

其中，A 和 θ 由初始条件确定：

$$A = \sqrt{x_0^2 + \frac{\dot{x}_0}{\omega_0}}, \qquad \tan\theta = \frac{\omega_0 x_0}{\dot{x}_0} \tag{1-20}$$

对于扭转振动，设物体转动惯量为 J，扭转刚度为 k，转角为 φ，类似可得扭转自由振动的方程：

$$J\ddot{\varphi} + k\varphi = 0 \tag{1-21}$$

振动的固有（圆）频率为

$$\omega_0 = \sqrt{\frac{k}{J}} \qquad\qquad (1-22)$$

周期为

$$T = 2\pi\sqrt{\frac{J}{k}} \qquad\qquad (1-23)$$

对于一般的单自由度振动，其方程为

$$a\ddot{u} + bu = 0 \qquad\qquad (1-24)$$

振动周期为

$$T = 2\pi\sqrt{\frac{a}{b}} \qquad\qquad (1-25)$$

1.2　实验设备与仪器

理论力学多功能实验台是一种可进行多种理论力学教学实验的教学专用设备，最早由浙江大学庄表中教授设计研制，目前已衍生出多个型号。

下面以 ZML－1 型理论力学多功能实验台为例，对这一设备进行简单介绍。ZML－1型理论力学多功能实验台的结构图如图 1－3 所示。图中，1 为台面水平调节地撑；2 为抽屉Ⅰ（内置连杆、振动载荷、渐加载荷袋、积木块、型钢模片等）；3 为风扇调速器；4 为风扇；5 为三线摆；6 为三线摆升降手轮；7 为电缆振动模型；8 为刚度测定加载钩；9 为工作台面；10 为抽屉Ⅱ（内置电子秤、风速仪、转速表、秒表、砝码组、水平尺等）。

该多功能实验台可进行单自由度振动、重心测定、转动惯量计算等多个实验。实验前，应注意调节地撑，利用水平尺进行测量，使台面的纵、横方向均为水平。

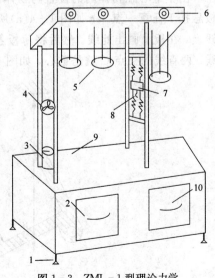

图 1－3　ZML－1 型理论力学
多功能实验台

1.3 基础实验

实验一　重心测定实验

一、实验目的

(1) 通过实验加深对合力矩定理、重心概念的理解。
(2) 学会用悬吊法测不规则物体的重心。
(3) 学会用称重法求不规则物体的重心。

二、实验设备

ZML－1型理论力学多功能实验台。

三、实验原理

1. 悬吊法测不规则物体的重心

由于重心在物体内的位置与物体的位形无关，如果需要求等厚薄板的重心，可先将薄板悬挂于任意一点 A，如图 1-4(a)所示。根据二力平衡公理，重心必然在过悬吊点的铅直线上，在板上画出此线。然后将薄板悬挂于另外一点 B，依前法同样可以画出另外一条直线。两直线的交点 C 就是重心，如图 1-4(b)所示。

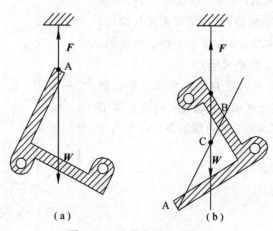

（a）　　　　　　（b）

图 1-4　悬吊法测重心位置

2. 称重法求不规则物体的重心

下面以连杆为例简述称重法求重心的方法。

先用电子秤测出连杆重量 W，再利用积木块设法使连杆水平搁置，如图 1-5 所示。根据力矩平衡，有

$$x_c W = F_{N1} l \qquad (1-26)$$

式中，F_{N1} 为电子秤此时的读数。根据式(1-26)便可计算出重心位置 x_c。

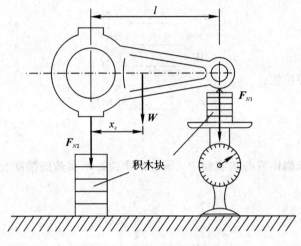

图 1-5　称重法求重心位置

四、实验步骤

1. 悬吊法测不规则物体的重心

(1) 在纸上描出不规则物体的外形。

(2) 用细绳将不规则物体悬挂于上顶板的螺钉上，标记悬挂点和第一条悬挂线的位置，并在纸上画出。

(3) 将物体换一个方向悬挂，标记悬挂点和第二条悬挂线的位置，并在纸上画出。两条悬挂线的交点，即为重心的位置。

2. 称重法求对称连杆的重心

(1) 先称出连杆的总重量。

(2) 将连杆的一端置于电子台秤上，另一端置于积木上，并利用积木块调节连杆的中心位置使它成水平，记录此时电子秤的读数。

五、实验数据记录及处理

1. 悬吊法

对组合型钢悬吊两次，作图标示出重心位置。

2. 称重法

利用积木块水平搁置连杆，用电子秤称出连杆重量（$g=10 \text{ m/s}^2$）。记录：

$$F_{N1} = \underline{\hspace{2cm}} \text{（N）}$$
$$l = \underline{\hspace{2cm}} \text{（cm）}$$
$$W = \underline{\hspace{2cm}} \text{（N）}$$

据此求出连杆的重心位置：

$$x_c = \underline{\hspace{2cm}} \text{（cm）}$$

六、思考题

在进行称重法求物体重心的实验中，哪些因素会影响实验的精度？

实验二　三线摆法求圆盘转动惯量实验

一、实验目的

（1）掌握用三线摆测量转动惯量的原理和方法。

（2）测定均质圆盘的转动惯量，并与理论值进行比较。

二、实验设备

ZML-1型理论力学多功能实验台。

三、实验原理

如图 1-6 所示的三线摆，三根长度均为 l 的竖直绳线，将圆盘等距离地悬挂起来。三点连线为一等边三角形。已知均质、等厚度圆盘质量为 M_0，悬挂点与圆心之间的距离为 r（注意，r 并非圆盘半径），绕中心竖直轴的转动惯量为 J_0，做扭转振动时的周期为 T。下面推导如何通过圆盘的扭转振动周期求出 J_0。

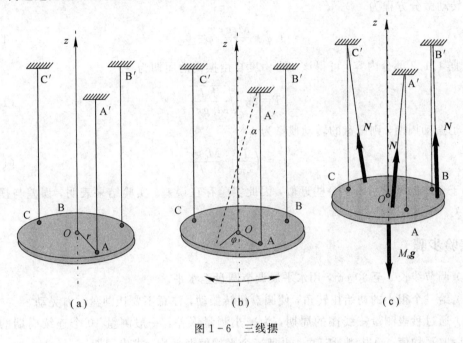

图 1-6 三线摆

现使圆盘绕通过盘心的竖直 z 轴做微小转动，圆盘在竖直方向的运动距离是转角的二级小量，可以不计。因此在微振动时，可以作为刚体绕定轴转动处理。设圆盘绕 z 轴转过微小角度 φ（如图 1-6(b) 所示），有几何关系：

$$r\varphi = l\sin\alpha \qquad (1-27)$$

由此可知

$$\sin\alpha = \frac{r\varphi}{l} \qquad (1-28)$$

设绳子内张力的大小为 N，由竖直方向平衡方程：

$$3N\cos\alpha = M_0 g \qquad (1-29)$$

得出

$$N = \frac{M_0 g}{3\cos\alpha} \approx \frac{M_0 g}{3} \qquad (1-30)$$

圆盘周边切线方向上的力分量为

$$F_\tau = N\sin\alpha = \frac{Nr\varphi}{l} \tag{1-31}$$

此三个力对 z 轴的力矩为

$$M_z = -3F_\tau r = -\frac{3Nr^2\varphi}{l} \tag{1-32}$$

于是，转动微分方程为

$$J_0\ddot{\varphi} + \frac{M_0 g r^2}{l}\varphi = 0 \tag{1-33}$$

根据 1.1.2 部分内容，可得该单自由度自由振动的周期为

$$T = 2\pi\sqrt{\frac{J_0 l}{M_0 g r^2}} \tag{1-34}$$

若测得了振动周期，则圆盘的转动惯量为

$$J_0 = \left(\frac{T}{2\pi}\right)^2 \frac{M_0 g r^2}{l} \tag{1-35}$$

由于上述的推导引入了一些近似，因此实验存在误差。实验结果表明，误差与摆线长度 l 有关。

四、实验步骤

(1) 调节线长 l 至 30 cm，用水平尺调节圆盘至水平。

(2) 给一个很小的初始扭转角，使圆盘扭转振动，注意不要让圆盘左右晃动。

(3) 通过秒表测量三线摆的周期，为减小测量误差，一般测量 10 个连续周期的总时间，然后取平均值。总共测量三次，再把三个平均值做平均，求出周期。

(4) 利用手轮改变线长 l，测量不同线长情况下的周期。代入公式计算圆盘转动惯量。

五、实验数据记录及处理

圆盘直径 $D = 100$ mm，厚度 $\delta = 5.3$ mm，材料密度 $\rho = 7.5$ g/cm³，吊线点与圆心之间的距离 $r = 38$ mm。

圆盘转动惯量的理论计算：

$$J_0 = 0.5 M_0 \left(\frac{D}{2}\right)^2 = \underline{\hspace{2cm}} (\text{kg} \cdot \text{m}^2)$$

按公式 $J_0 = \left(\dfrac{T}{2\pi}\right)^2 \dfrac{M_0 g r^2}{l}$，通过秒表测量三线摆周期，计算转动惯量，并完善表 1-1。

表 1 - 1　三线摆法求圆盘转动惯量实验数据

线长 l/cm	30	40	50	60
周期/s				
转动惯量 J_0/(kg·m²)				
误差/(%)				

六、思考题

(1) 分析本实验可能产生的误差。如何减小这些误差？

(2) 你还能想出什么好的方法测量物体的转动惯量？

实验三　等效法求非规则物体转动惯量实验

一、实验目的

(1) 理解实验原理，掌握一般不规则物体转动惯量的测试方法。

(2) 学会用三线摆测定实际零件的转动惯量。

二、实验设备

ZML-1型理论力学多功能实验台。

三、实验原理

本实验采用三线摆测试实验给定的零件。该零件由四种金属材料复合，几何形状不规则，既没有对称平面又无对称轴，重心偏离轴心，质量轻。要求用无损伤的方法测定其转动惯量。

根据实验二的内容，可知只要测出三线摆扭转振动的周期，便可利用式(1-35)求出摆体转动惯量。由式(1-35)可知，两个质量相等的物体，分别用同一套摆线、摆盘测试，若扭振周期相等，则两者的转动惯量必相等。这称之为测试转动惯量的等效条件。利用这一等效条件，可确定不规则零件的转动惯量。

四、实验步骤

（1）先将零件放置在摆盘上，零件重心务必落在三线摆的铅垂摆轴 Oz 上，也就是与圆盘中心重合。零件重心的确定可采用悬吊法完成。实验参数为：零件质量 $M=82$ g，摆线长 $l=600$ mm，$r=38$ mm。然后做扭振测试。通过多次测试，最后测得扭振平均周期 T_1。

（2）用两个质量之和正好等于零件质量 M、底面直径为 d 的磁性圆柱体进行转动惯量的等效测试。两圆柱体被对称地吸附在摆盘上，如图 1-7 所示。两圆柱体轴线间距 s 可以调整。每对应一组 s 值，测出扭振平均周期 T，并算出相应的两圆柱体对 Oz 轴的转动惯量 J_2，根据平行轴定理，两个圆柱体对中心轴转动惯量的计算公式为

$$J_2 = 2 \times \left[\frac{1}{2}m\left(\frac{d}{2}\right)^2 + m\left(\frac{s}{2}\right)^2 \right] \tag{1-36}$$

（3）根据与两个圆柱体等重的不规则零件的扭振周期 T，应用表 1-2 及插值法得出对应的转动惯量 J_1。

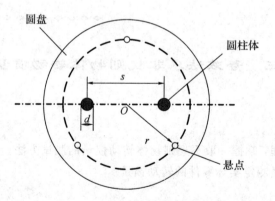

图 1-7 圆柱体摆放示意图

五、实验数据记录及处理

已知等效圆柱体的底面直径 $d=20$ mm，高 $h=18$ mm，材料密度 $\rho=7.5$ g/cm³。将测量及计算数据填入表 1-2 中。

表 1 - 2　等效法求非规则物体的转动惯量实验数据

距离 s/mm	30	40	50	60
周期 T/s				
转动惯量/(kg·m²)				

测量与两个圆柱体等重的非均质发动机摇臂的扭振周期 $T=$＿＿＿＿＿(s)。应用表1-2及插值法，求得摇臂的转动惯量 $J_1=$＿＿＿＿＿(kg·m²)。

六、思考题

在进行用等效理论方法测试和求取非均质复杂物体的转动惯量的实验中，哪些因素将影响实验的精度？

实验四　单自由度系统自由振动实验

一、实验目的

(1) 测试单自由度系统的等效刚度。
(2) 计算单自由度系统的固有频率与周期。

二、实验设备

ZML-1型理论力学多功能实验台。

三、实验原理

弹簧质量组成的振动系统，在弹簧的线性变形范围内，系统的变形和所受到的外力的大小呈线性关系。据此，施加外力，测得变形，就可以得到系统的刚度系数，进而求得系统的固有频率。

四、实验步骤

在高压输电线截面模型下的砝码托盘上，挂上不同重量的砝码，观察并记录弹簧的变形。根据弹簧质量系统的变形及添加砝码的重量，按照相关公式计算该系统的等效刚度和固有频率。

（1）将砝码托盘挂在弹簧质量系统模型下的小孔内，记录此时模型上指针所在的初始位置，并定义为0。

（2）分别将100 g和200 g的砝码置于砝码托盘上，稳定后，读取并记录指针的偏离位置。

（3）利用最小二乘法计算该系统的等效刚度，进而计算固有频率和周期。

（4）去掉砝码，用秒表记录一段时间，记下振动的周期数，计算出周期。

五、实验数据记录及处理

已知：高压输电线模型的质量 $m=0.138$ kg，砝码规格分别为100 g和200 g。

方法：分次挂上砝码，记录振体的竖向变形，完成表1-3。

表1-3 单自由度系统实验数据

砝码重 W/N	0	$W_1=$	$W_2=$
变形 Δl/mm	0		

依据表1-3的数据，计算单自由度系统的等效刚度：

$$K_{eq}=\underline{\hspace{3cm}}(\text{N/m})$$

固有振动频率：

$$f=\frac{1}{2\pi}\sqrt{\frac{K_{eq}}{m}}=\underline{\hspace{3cm}}(\text{Hz})$$

周期：

$$T=\frac{1}{f}=\underline{\hspace{3cm}}(\text{s})$$

测得的周期为

$$T_t=\underline{\hspace{3cm}}(\text{s})$$

六、思考题

若考虑弹簧质量，系统的等效质量是否等于塑料盒和四根弹簧的质量和？

★本章参考文献

[1] 刘延柱，杨海兴，朱本华. 理论力学[M]. 2版. 北京：高等教育出版社，2001.

[2] 庄表中，王惠明. 应用理论力学实验[M]. 北京：高等教育出版社，2009.

[3] ZML-1型理论力学多功能实验台使用说明书. 长沙：长沙荣联机电科技有限公司.

第二章　材料力学实验

2.1　基础知识

2.1.1　材料拉伸的力学性能

材料的力学性质是指其受力时力与变形之间的关系所表现出来的性能指标，如弹性模量、泊松比、屈服强度、强度极限等。材料的力学性质是根据各种试验（注：材料性能未知时，称为试验；验证已知的或理论推导的性能，称为实验），如拉伸、压缩、扭转等来测定的。

工程中使用的材料种类很多，下面主要介绍低碳钢和铸铁这两种常见材料拉伸时的力学性质。前者代表典型的塑性材料，后者代表典型的脆性材料。材料的拉伸试验通过电子万能试验机进行，试验条件为常温（一般指室温）、静载（指加载过程极为缓慢，加速度可以忽略）。

拉伸试验时采用国标试样。金属材料试样如图 2-1 所示。试件中部是一段等直（径）杆，两端加粗，以便在试验机夹头上夹紧。加粗段和等直段连接处由圆弧过渡，防止试件从连接处断开。试验前，在等直段中选取长度为 l_0 的一段，用于测量伸长的长度，长度 l_0 称为标距，这一段称为标距段。国标规定对于圆形截面试样，标距 l_0 与直径 d_0 的比例为 10：1 或 5：1。

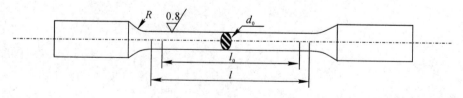

图 2-1　圆形截面拉伸试件

1. 低碳钢的拉伸特性

将低碳钢试件装在试验机的上下夹头上，缓慢加载，试验机可以记录各时刻的拉力 F 以及标距段的伸长 Δl，直至断裂为止。以 F 为纵轴，Δl 为横轴绘制成的曲线称为拉伸特性曲线，如图 2-2 所示。

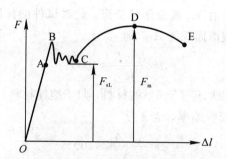

图 2-2 低碳钢拉伸特性曲线

根据力与变形关系的规律，可将低碳钢拉伸曲线分为四个阶段。

（1）弹性阶段（图 2-2 中 OA 段）。在该阶段中材料的变形全是弹性变形，卸除荷载后，试样的变形将全部恢复。在弹性阶段的绝大部分范围内，材料服从胡克定律，力与变形成正比。

（2）屈服阶段（图 2-2 中 BC 段）。当力超过 B 点后，即使力值不变，试件仍会有显著伸长，也就是材料暂时失去抵抗变形的能力，从而产生明显的塑性变形。因此该阶段称为屈服阶段。屈服阶段中，除去初始瞬时效应（载荷第一次下降到最低点）后的最小力（对应于第一个波谷后的最低点）称为下屈服力（F_{sL}）。下屈服力受试验条件影响较小，比较稳定。设试件等直段原始截面面积为 A，定义：

$$\sigma_s = \frac{F_{sL}}{A} \tag{2-1}$$

该物理量分母为变形前的原始截面积，由于试件在拉长过程中截面逐渐收缩，原始截面积并非屈服时的截面积，因此该应力是一种名义应力。该名义应力称为材料的屈服极限。

材料在屈服时，若表面足够光洁，可以观测到试件表面上出现许多 $45°$ 的倾斜条纹，称为滑移线。当应力达到屈服极限时，会出现明显的塑性变形，对于大部分机械零件与结构而言，材料已无法正常使用。所以，屈服极限常作为衡量塑性金属材料承载能力的重要指标。

（3）强化阶段（图 2-2 中 CD 段）。屈服阶段以后，材料恢复了抵抗变形的能力。若要试件继续伸长，必须增加拉力，该阶段称为强化阶段。曲线最高点所对应的名义应力称为强度极限，定义为

$$\sigma_b = \frac{F_m}{A} \tag{2-2}$$

式中，F_m 为最大拉力，也即断裂载荷。

（4）局部变形阶段（图 2-2 中 CD 段）。应力达到强度极限后，试件局部横截面急剧缩小，出现"颈缩"现象。由于颈缩部分横截面面积急剧减小，试件继续伸长所需的拉力也随

之迅速下降，直至试件在该处被拉断。断口为杯状，周边呈现 45°的剪切唇。

试件拉断后，弹性变形消失，残余塑性变形。此时试件的标距段长度由原来的 l_0 增大至 l_1。设断裂处的最小横截面面积为 A_1，则

$$\delta = \frac{l_1 - l_0}{l_0} \times 100\% \tag{2-3}$$

称为材料的延伸率。延伸率大于等于 5% 的材料，归于塑性材料，反之归于脆性材料。衡量材料塑性的另一指标为断面收缩率，定义为

$$\psi = \frac{A - A_1}{A} \times 100\% \tag{2-4}$$

2. 铸铁拉伸时的力学性质

铸铁作为一种典型的脆性材料，其拉伸特性曲线（见图 2-3）与低碳钢有明显不同。它的变形没有明显的直线部分，没有屈服阶段。断裂时计算出的名义应力称为强度极限，是脆性材料衡量强度的唯一指标，由以下公式进行计算：

$$\sigma_b = \frac{F_m}{A} \tag{2-5}$$

式中，F_m 为断裂载荷。

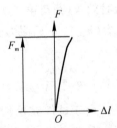

图 2-3 铸铁拉伸特性曲线

铸铁断口与轴线方向垂直，断面平齐。

2.1.2 材料扭转的力学性能

扭转试验时采用的试件与拉伸的类似，不同之处在于其端部通常铣出一个或两个平面，以更好地固定在扭转试验机的夹头上，防止打滑，如图 2-4 所示。

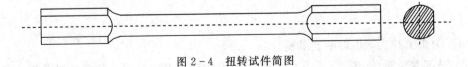

图 2-4 扭转试件简图

1. 低碳钢的扭转特性

将低碳钢试件装在扭转试验机的两端夹头上,缓慢加载,试验机可以记录各时刻的扭矩T以及试件的扭转角φ。以T为纵轴,φ为横轴绘制成的曲线称为扭转特性曲线。该曲线有两类,一类屈服阶段存在波动,另一类屈服阶段扭矩保持恒定。图2-5绘出了第二类曲线。

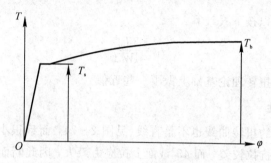

图2-5 低碳钢扭转特性曲线

可以看出,该曲线与低碳钢拉伸曲线有些相似,除了屈服阶段载荷恒定外,还有如下不同:

(1)强化阶段非常长,通常低碳钢扭断后的扭转角可达数千度。

(2)由于扭转没有类似拉伸的颈缩现象,因此断裂时承受的扭矩即为最大扭矩。

由于低碳钢抗剪能力弱,而横截面方向切应力最大,因此断口与轴向垂直,为平断口。

根据材料力学知识可知,在弹性阶段,试件截面上的切应力沿半径线性分布,圆心处为零,边缘应力最大。随着载荷增加,边缘处由于应力最大,率先进入塑性屈服阶段(见图2-6(a)),此时该处应力暂时不再增长。而其他区域由于未达到屈服应力,应力继续增长直至屈服后也不再增长。也就是说,横截面边缘出现一个环形塑性区(见图2-6(b)),并逐渐扩展至整个横截面(见图2-6(c))。当横截面全部屈服时,应力达到均匀分布。

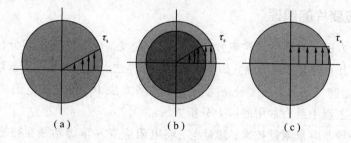

(a)   (b)   (c)

图2-6 低碳钢扭转时横截面应力分布

一般按照横截面全部屈服来计算剪切屈服强度。由于应力均匀分布,可以计算出对应的扭矩为

$$T_s = \int_A \rho \tau_{el} dA = \int_0^{\frac{d}{2}} \rho \tau_s 2\pi\rho d\rho = 2\pi\tau_s \int_0^{\frac{d}{2}} \rho^2 d\rho = \frac{4}{3}\tau_s W_p \qquad (2-6)$$

式中，W_p 为抗扭截面系数。对于塑性较好的材料，剪切屈服极限可按下式计算：

$$\tau_s = \frac{3T_s}{4W_p} \qquad (2-7)$$

而断裂时的抗扭强度可以按下式计算：

$$\tau_b = \frac{3T_b}{4W_p} \qquad (2-8)$$

式(2-8)在 Nadai 扭转理论基础上做了一些近似。

2. 铸铁的扭转特性

与拉伸类似，铸铁的扭转曲线也不是直线(见图 2-7)，而且很小的扭转角就会导致试件断裂。由于铸铁材料抗拉较差，而 45°截面上拉应力最大，因此断面呈现 45°螺旋状。

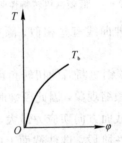

图 2-7 铸铁扭转特性曲线

根据断裂前的最大扭矩 T_b，按弹性应力分布，可以计算出铸铁的抗扭强度：

$$\tau_b = \frac{T_b}{W_p} \qquad (2-9)$$

2.1.3 电阻应变片的原理

采用实验的方法对构件的结构或者其模型进行应变、应力的测量和分析，称为实验应力分析。实验应力分析有多种方法，如电测法、光弹性法、脆性涂层法、云纹法、全息干涉法、散斑干涉法、光纤法等。在实验应力分析的诸多方法中，传统的电阻应变片测量技术(又称电测法)是工程中最为常用的应力分析方法。

电测法是一种非电量测量技术。测量前，将电阻应变片牢固粘贴在被测构件的待测位置，当测点发生变形时，应变片随之一同产生应变，进而使自身的电阻也发生变化。通常该电阻变化很小，不能直接用万用表等仪器测量，而需要专门的测量电路。电阻应变仪(简称应变仪)可将应变片的电阻变化转换成电信号并加以放大，然后根据应变片的灵敏度换算出应变值。研究人员可以进一步由广义胡克定律计算出该点应力值，从而达到对构件进行实验应力分析的目的。

电测法有大量优点，主要优点如下：

（1）应变片体积小、质量轻，对构件的附加干扰很小。

（2）应变片价格低廉，便于大量购买。

（3）适应范围广。应变片可测应变范围为 $1 \times 10^{-6} \sim 0.23$。可测动应变频率范围为 $0 \sim 200\ \mathrm{kHz}$。通过一定的措施，可使应变片工作于高低温环境中，能在水下和核辐射环境下测量，能在高转速和运动的构件上取得信号，还可以进行远程测量。

（4）精度高。在实验室常温条件下静态测量，误差可控制在 1% 以内；工况下的静态测量，误差为 $1\% \sim 3\%$，动应变测量误差也可控制在 $3\% \sim 5\%$ 范围内。

（5）技术成熟。电测法输出信号为电信号，而电信号的数据采集处理技术日渐成熟。目前已有可同时测量上百点的静态应变仪。而利用数据采集卡和信号处理系统，可以很方便地对动态应变信号进行采集和分析。

电测法的缺点主要有以下几点：

（1）一般只能测构件表面的应变，若要测量内部应变则需要预先埋入。

（2）一个应变片只能测量构件表面一点在特定方向上的应变，当测点较多时，需要粘贴大量应变片，工作量大。

（3）所测应变是应变片所覆盖构件表面范围内应变的平均值，因此当粘贴部位应变梯度很大时将不适用，特别是在应力集中区域。

（4）在小尖角、凹槽等部分不便粘贴应变片。

电测法所采用的传感器为电阻应变片，测量仪器为电阻应变仪，下面首先对电阻应变片进行介绍。

由物理学知识可知，金属丝的电阻值除与其材料的性质有关外，还与金属丝的长度、横截面面积等有关。当金属丝拉伸变形时，其长度和横截面面积都会发生变化，其电阻值也将相应地发生变化。若将金属丝粘贴在构件上，当构件沿金属丝轴向受力变形时，金属丝随构件一起变形而产生电阻变化。电测法的本质就是通过测量金属丝的电阻改变量来测定构件所产生的应变值。不考虑温度等因素，假设金属丝的泊松比为 μ，电阻率为 ρ，原长为 L，横截面为直径 D 的圆，横截面面积为 A，则未变形时的电阻为

$$R = \rho \frac{L}{A} \qquad (2-10)$$

假设金属丝产生轴向微小伸长 $\mathrm{d}L$，则其横截面积会相应收缩。根据泊松比的定义可知：

$$\mu = -\frac{\mathrm{d}D/D}{\mathrm{d}L/L} \qquad (2-11)$$

由于伸长量、面积收缩量都是微量,利用微分运算法则,有

$$\frac{\mathrm{d}A}{A} = \frac{\mathrm{d}\left(\frac{\pi D^2}{4}\right)}{\frac{\pi D^2}{4}} = \frac{2\mathrm{d}D}{D} \tag{2-12}$$

当金属丝拉伸变形时,电阻率也会产生变化。对式(2-10)两边取对数,再做微分,可得

$$\frac{\mathrm{d}R}{R} = \frac{\mathrm{d}\rho}{\rho} + \frac{\mathrm{d}L}{L} - \frac{\mathrm{d}A}{A} = \frac{\mathrm{d}\rho}{\rho} + \varepsilon - \frac{\mathrm{d}A}{A} \tag{2-13}$$

其中,ε 为长度方向的线应变。综合式(2-11)、式(2-12)、式(2-13),可得

$$\frac{\mathrm{d}R}{R} = \frac{\mathrm{d}\rho}{\rho} + (1+2\mu)\varepsilon \tag{2-14}$$

而试验表明,绝大部分金属在一定的应变范围内,电阻变化率与应变成正比,即

$$\frac{\mathrm{d}R}{R} = K_0 \varepsilon \tag{2-15}$$

对照式(2-14)可以看出:

$$K_0 = \frac{1}{\varepsilon}\frac{\mathrm{d}\rho}{\rho} + (1+2\mu) \tag{2-16}$$

由上文可知,该值为一个常数。因此电阻的变化率和应变之比也应该是一个常数,至于为什么有这样的规律,目前尚缺少完满的解释。

为了能测出显著的电阻变化,要求金属丝阻值不能太低,也就是要具备一定的长度。而构件各点的应变往往并不相同。若金属丝太长,由于只能测出金属丝长度范围内的平均应变,因此无法达到精确测量给定点应变的目的。为能用金属丝测量一点(或接近一点)的应变,可将金属绕成丝式或做成箔式,并将其固定在基底上,就构成了电阻应变片。根据金属是绕成丝还是制成箔,应变片可分为丝式和箔式。丝式应变片是直径 0.02~0.05 mm 的镍铬丝或康铜丝绕成栅状,粘固在基底和覆盖层之间,电阻丝两端各用一段镀银铜线作为引出线。箔式应变片是将厚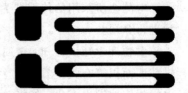
0.003~0.01 mm 的镍铬箔或康铜箔,以树脂材料为基底, 图2-8 箔式应变片的敏感栅
用光刻技术腐蚀成栅状(见图2-8),焊上引出线之后再覆盖上一层保护层而成。箔式应变片由于制作规范化高、尺寸准确、线条均匀,因此灵敏系数方差小。箔式应变片横向部分较宽,有效降低了横向部分电阻,从而进一步使箔式应变片横向效应大大降低,增加了测量的准确性。箔式应变片还具有较好的散热、防潮特性。因此箔式应变片已成为目前电阻应变片的主流。

应变片的基本构造如图2-9所示,除了敏感栅外,还包括引出线、基底、覆盖层。其中,引出线用于连接敏感栅和外部测量电路;基底主要用于保持敏感栅的形状,要求其有

良好的绝缘性(防止敏感栅与构件传导电荷)、一定的机械强度、良好的挠度,通常用各种树脂材料制成;覆盖层主要用于保护敏感栅,而敏感栅通常用树脂类黏结剂固定在覆盖层和基底之间。

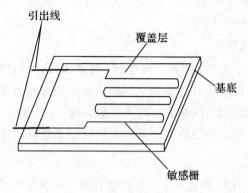

图 2 - 9　应变片的基本构造

试验表明,在一定应变范围内,应变片的电阻变化率 $\Delta R/R$ 与其栅线方向线应变 ε 成正比,即

$$\frac{\Delta R}{R} = K\varepsilon \qquad\qquad (2-17)$$

式中,常数 K 称为应变片的灵敏系数。注意式(2 - 17)与式(2 - 15)的原理并不完全相同。因为敏感栅还包含一些与待测方向垂直的圆弧形弯头。假设构件在敏感栅方向伸长,则弯头方向将会缩短,这些弯头的长度变化也会导致电阻发生改变,称为横向效应。应变片的灵敏系数是纵横两方面应变综合导致的结果。

常用应变片的灵敏系数一般为 2 左右,具体数值由生产厂家抽样测定。但是,由于横向效应的存在,理论上只有应变片工作条件与厂家标定条件完全一致时,灵敏系数才是准确的。而且对于多向应力状态,横向效应的影响更大一些。因此若对测量精度要求较高,还需要对横向效应进行修正。不过,目前厂家已生产出了可自动补偿横向效应的应变片。

对灵敏系数 K 已知的应变片,只要测出由应变引起的电阻变化率,就可以很容易地计算出所测点沿应变片方向的线应变。

2.1.4　电阻应变片的粘贴

1. 应变片的筛选

首先使用放大镜对应变片进行外观检查,要求其基底和覆盖层没有破损、褶皱;敏感栅没有变形;无锈斑、气泡等缺陷;引出线焊接牢固。

2. 应变片阻值检查

市面所售电阻应变片的阻值一般在 120 Ω 左右。用万用表检查应变片的初始电阻值，以保证使用同一温度补偿片的应变片阻值之差、应变片与温度补偿片的阻值之差皆小于 0.5 Ω。同时剔除短路、开路的应变片。

3. 构件测点表面的准备

先去除构件表面油漆、污垢、锈斑等覆盖层，将表面用砂布打磨光滑，再用中粒度砂布打出一些细条纹，这样可以增强胶的黏着力。接下来用棉球蘸丙酮对表面进行擦洗，并用钢针画出贴片纵横十字定位线，纵线方向应与待测应变方向一致。最后再用棉球擦拭一次，直至棉球上擦不出污垢为止。构件表面处理的面积应大于电阻应变片的面积。

4. 应变片粘贴

分别在构件预贴应变片处及电阻应变片底面各涂上一薄层胶水（如 502 胶），将应变片准确地贴在预定的画线部位上，然后盖上聚四氟乙烯薄膜，用拇指沿一方向轻轻滚压，将多余的胶水和胶层中气泡挤出；用手指按住应变片 1～2 分钟，待胶水初步固化后，即可松手，由应变片无引线的一端向有引线的一端揭掉薄膜。502 胶水粘结后，采用自然干燥固化即可，一般仅需数小时。

5. 导线焊接与固定

导线用于连接应变片和测试电路，其一端与应变片的引出线相连，另一端与测试电路相连。应变片的引出线很细，且其与应变片电阻丝的连接强度不高，因此导线与应变片之间一般需要通过接线端子相连接，以避免测量时拉断应变片引出线。如图 2-10 所示，将应变片引出线焊接到接线端子的一端，然后将导线焊接在接线端子的另一端。所有连接处用锡焊焊接以保证导电性。引出线不要拉得太直，以防止长时间受张力后断裂。当接线端子和应变片有一定距离时，为防止引出线与构件表面接触，应变片和接线端子之间的构件表面应粘贴透明胶带。导线离开被测物之前的部分需要固定，可采用医用胶带等。

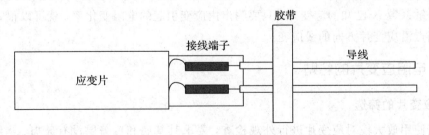

图 2-10　导线焊接与固定

目前市面上已有接好导线的免焊式应变片出售。

6. 应变片粘贴质量检查

除了用放大镜检查粘贴质量外，还应用万用电表检查应变片的电阻值，一般粘贴前后阻值不应有太大的变化。另外还要测量应变片与试件之间的绝缘电阻，该阻值一般应大于200 MΩ。

7. 应变片的防护处理

如果长期使用，为了防止应变片受机械损伤或受潮，需对应变片加以保护。通常的方法是在应变片表面涂上一层防潮胶，如硅橡胶等。

2.1.5 电阻应变片的测量电路

在使用应变片测量应变时，必须将微小的阻值变化转化成与之成比例的电信号，以利于分析处理。因此，通常将电阻应变片接入电桥，将阻值变化转换为电压输出进行测量。

图 2-11 所示的直流电桥，可将电阻阻值的变化转换为电压输出。图中四个电阻所在支路 AB、BC、AD、DC 称为桥臂。BD 端接放大电路，由于流过放大电路的电流很小，因此 BD 端可近似认为是开路的。设 ABC 支路、ADC 支路中的电流分别为 I_1 和 I_2，则有

$$I_1 = \frac{E}{R_1 + R_2}, \quad I_2 = \frac{E}{R_3 + R_4} \tag{2-18}$$

而 DB 两点间的电势差计算如下：

$$U_{BD} = U_{AB} - U_{AD} = I_1 R_1 - I_2 R_4 = \frac{R_1 R_3 - R_2 R_4}{(R_1 + R_2)(R_3 + R_4)} E \tag{2-19}$$

因此当条件

$$R_1 R_3 = R_2 R_4 \tag{2-20}$$

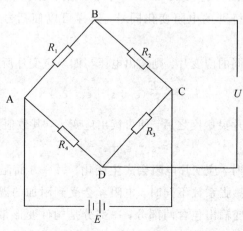

图 2-11 直流电压输出桥

满足时，电桥平衡，输出电压为零。

如果电桥各电阻阻值均有变化，则输出电压为

$$U_{BD} = \frac{(R_1 + \Delta R_1)(R_3 + \Delta R_3) - (R_2 + \Delta R_2)(R_4 + \Delta R_4)}{(R_1 + \Delta R_1 + R_2 + \Delta R_2)(R_3 + \Delta R_3 + R_4 + \Delta R_4)} E \qquad (2-21)$$

假设阻值变化前电桥平衡，且阻值变化率为微量。将分子、分母分别展开，忽略 $\Delta R/R$ 的高阶项，并利用平衡条件式(2-20)，可将输出电压化为

$$U_{BD} = \frac{\dfrac{rE}{(1+r)^2}\left(\dfrac{\Delta R_1}{R_1} - \dfrac{\Delta R_2}{R_2} + \dfrac{\Delta R_3}{R_3} - \dfrac{\Delta R_4}{R_4}\right)}{1 + \dfrac{r}{1+r}\left(\dfrac{\Delta R_2}{R_2} + \dfrac{\Delta R_3}{R_3}\right) + \dfrac{1}{1+r}\left(\dfrac{\Delta R_1}{R_1} + \dfrac{\Delta R_4}{R_4}\right)} \qquad (2-22)$$

式中，$r = R_2/R_1 = R_3/R_4$。在应变测量时，电桥通常有两种方案：一是四个电阻原始阻值相同，称为等臂电桥；二是同一支路的两个电阻阻值相等，即 $R_2 = R_1$，$R_3 = R_4$。但不论哪种情况都有 $r=1$。此时式(2-22)进一步化为

$$U_{BD} = \frac{\dfrac{E}{4}\left(\dfrac{\Delta R_1}{R_1} - \dfrac{\Delta R_2}{R_2} + \dfrac{\Delta R_3}{R_3} - \dfrac{\Delta R_4}{R_4}\right)}{1 + \dfrac{1}{2}\left(\dfrac{\Delta R_1}{R_1} + \dfrac{\Delta R_2}{R_2} + \dfrac{\Delta R_3}{R_3} + \dfrac{\Delta R_4}{R_4}\right)} \qquad (2-23)$$

可以看出，由于分母的存在，输出电压与电阻变化率之间不是线性关系，仍不易使用。若将式(2-23)分母中括号项忽略为零，则可得到线性关系式：

$$U_{BD} = \frac{E}{4}\left(\frac{\Delta R_1}{R_1} - \frac{\Delta R_2}{R_2} + \frac{\Delta R_3}{R_3} - \frac{\Delta R_4}{R_4}\right) \qquad (2-24)$$

计算表明，对于普通灵敏度系数的应变片，当测量应变不是大应变时，这种近似带来的误差可以忽略不计。另外，为了使式(2-23)分母中括号项尽可能小，一般可以使相邻桥臂的电阻变化异号，相对桥臂的电阻变化同号，这样可以使括号中四项相互抵消，降低误差。

如果四个桥臂接入相同的应变片，则输出电压与四个应变片所测量应变的关系为

$$U_{BD} = \frac{KE}{4}(\varepsilon_1 - \varepsilon_2 + \varepsilon_3 - \varepsilon_4) \qquad (2-25)$$

在仪器中输入了应变片灵敏度之后，便可读出应变 ε_d，其数值为

$$\varepsilon_d = \varepsilon_1 - \varepsilon_2 + \varepsilon_3 - \varepsilon_4 \qquad (2-26)$$

当环境温度发生改变时，应变片电阻会产生变化。另一方面温度变化又会使电阻丝和构件产生应变，当两者的膨胀系数不同时，电阻丝会受到附加的温度应力，也会使阻值产生变化。此时应变片的应变输出包含两部分，一部分是构件变形带来的输出，另一部分是温度效应带来的输出。为了消除温度效应，可将一枚与工作应变片完全相同的应变片（称为

温度补偿片)贴在用构件材料制成的补偿块上。该补偿块与构件温度环境一致，但不受载荷。将补偿片和工作应变片接在相邻桥路中，这样温度的变化就不会影响桥路平衡。另外，还可以使用具有温度自补偿功能的应变片。

对于等臂电桥，通常四个桥臂只有部分电阻为应变片。常见接线方法有如下四种：

(1) 1/4 桥：四个桥臂中只有一个电阻为工作应变片，其相邻桥臂为温度补偿片。例如，假设 R_1 为工作应变片，则 R_2 为不受载荷的温度补偿片，其余为固定电阻。此时，

$$\varepsilon_1 = \varepsilon_{1s} + \varepsilon_t, \quad \varepsilon_2 = \varepsilon_t \tag{2-27}$$

式(2-27)的两个等式中，等号右端第一项为构件应变带来的输出，第二项为温度变形带来的输出。应变仪的读数为

$$\varepsilon_d = \varepsilon_1 - \varepsilon_2 = \varepsilon_{1s} \tag{2-28}$$

可以看出，读数即为所测点由于构件变形造成的输出。

(2) 半桥：相邻的两个桥臂接工作片，其余为固定电阻。例如，R_1 和 R_2 为工作应变片，其余为固定电阻。由于应变片处在相邻桥臂，因此温度效应可以得到补偿。此时应变仪的读数为

$$\varepsilon_d = \varepsilon_1 - \varepsilon_2 = (\varepsilon_{1s} + \varepsilon_t) - (\varepsilon_{2s} + \varepsilon_t) = \varepsilon_{1s} - \varepsilon_{2s} \tag{2-29}$$

(3) 全桥：四个电阻均为工作应变片。显然温度效应也可以得到补偿。此时应变仪的读数为

$$\varepsilon_d = \varepsilon_1 - \varepsilon_2 + \varepsilon_3 - \varepsilon_4 = (\varepsilon_{1s} + \varepsilon_t) - (\varepsilon_{2s} + \varepsilon_t) + (\varepsilon_{3s} + \varepsilon_t) - (\varepsilon_{4s} + \varepsilon_t) \tag{2-30}$$

(4) 对臂：相对两臂接工作片，其余为温度补偿片。例如，R_1 和 R_3 为工作应变片，R_2 和 R_4 为温度补偿片。此时应变仪的读数为

$$\varepsilon_d = \varepsilon_1 - \varepsilon_2 + \varepsilon_3 - \varepsilon_4 = (\varepsilon_{1s} + \varepsilon_t) - \varepsilon_t + (\varepsilon_{3s} + \varepsilon_t) - \varepsilon_t = \varepsilon_{1s} + \varepsilon_{3s} \tag{2-31}$$

利用不同桥路的输出特性，不但可以变相提高测量灵敏度，对于组合变形问题，还可以提取特定载荷造成的应变。例如，对于弯曲问题，在相同部位的上下表面各粘贴一枚应变片，采用半桥接线。由于应变片一个受拉，一个受压，输出的应变绝对值为待测应变绝对值的两倍，相当于灵敏度提高了一倍。而对于拉弯组合问题，同样在相同部位的上下表面各粘贴一枚应变片，采用半桥接线。由于相邻桥臂输出相减，轴力造成的应变被消去，测得的应变为弯矩造成应变的两倍。

2.1.6　应力状态分析

对于构件上给定一点的应力而言，不论是正应力还是切应力都随着截面方位的不同而变化。考虑如图 2-12 所示的平面应力状态，各应力大小均为已知。正应力规定拉为正，压为负；切应力规定使单元体顺时针转动为正，逆时针转动为负。

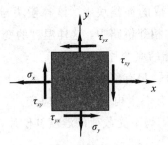

图 2-12 一点的应力状态

根据切应力互等定理，实际只需要 σ_x、σ_y 和 τ_{xy} 三个量即可确定图 2-12 中的应力状态。将这三个应力写成一个矩阵：

$$\boldsymbol{\Sigma} = \begin{bmatrix} \sigma_x & \tau_{xy} \\ \tau_{xy} & \sigma_y \end{bmatrix} \tag{2-32}$$

假设图 2-12 中的 x、y 轴绕坐标原点逆时针旋转了角度 α，此时新坐标轴中的应力分量组成的矩阵为

$$\boldsymbol{\Sigma}_\alpha = \begin{bmatrix} \cos\alpha & -\sin\alpha \\ \sin\alpha & \cos\alpha \end{bmatrix}^{\mathrm{T}} \begin{bmatrix} \sigma_x & \tau_{xy} \\ \tau_{xy} & \sigma_y \end{bmatrix} \begin{bmatrix} \cos\alpha & -\sin\alpha \\ \sin\alpha & \cos\alpha \end{bmatrix} = \boldsymbol{P}^{\mathrm{T}} \boldsymbol{\Sigma} \boldsymbol{P} \tag{2-33}$$

显然，$\boldsymbol{P}$ 为正交矩阵。利用矩阵乘法和三角公式可得新的坐标轴上的正应力和切应力：

$$\begin{cases} \sigma_{x1} = \dfrac{\sigma_x + \sigma_y}{2} + \dfrac{\sigma_x - \sigma_y}{2}\cos 2\alpha - \tau_{xy}\sin 2\alpha \\[2ex] \sigma_{y1} = \dfrac{\sigma_x + \sigma_y}{2} - \dfrac{\sigma_x - \sigma_y}{2}\cos 2\alpha + \tau_{xy}\sin 2\alpha \\[2ex] \tau_{x1y1} = \dfrac{\sigma_x - \sigma_y}{2}\sin 2\alpha + \tau_{xy}\cos 2\alpha \end{cases} \tag{2-34}$$

由于矩阵 $\boldsymbol{\Sigma}$ 为实对称矩阵，根据线性代数知识，存在正交矩阵 $\boldsymbol{U}$，使：

$$\boldsymbol{U}^{\mathrm{T}} \boldsymbol{\Sigma} \boldsymbol{U} = \boldsymbol{\Lambda} \tag{2-35}$$

其中，

$$\boldsymbol{\Lambda} = \begin{bmatrix} \sigma_1 & \\ & \sigma_2 \end{bmatrix} \tag{2-36}$$

是由矩阵 $\boldsymbol{\Sigma}$ 的特征值组成的对角矩阵，而

$$\boldsymbol{U} = \begin{bmatrix} \boldsymbol{v}_1 & \boldsymbol{v}_2 \end{bmatrix} \tag{2-37}$$

的列是将矩阵 $\boldsymbol{\Sigma}$ 的特征向量规范正交化后得到的向量。因此 $\boldsymbol{U}$ 为正交矩阵。该对角化的几何意义是说，可以找到一个角度，坐标系旋转后，对于新坐标系只有正应力 σ_1 和 σ_2，切应力为零。这个新坐标轴的 x 轴和 y 轴方向称为主方向，对应的正应力称为主应力。

因此，只要求出矩阵 $\mathbf{\Sigma}$ 的特征值和特征矢量，就可以得到主应力以及主方向。主应力为

$$\sigma_{1,2}=\frac{\sigma_x+\sigma_y}{2}\pm\sqrt{\left(\frac{\sigma_x-\sigma_y}{2}\right)^2+\tau_{xy}^2} \tag{2-38}$$

若两个特征值相同，则任意两个垂直的方向均为主方向。若两个特征值不同，则 σ_1 对应的主方向与原 x 轴的夹角 α_0 满足：

$$\begin{cases}\sin2\alpha_0=-\dfrac{\tau_{xy}}{\sqrt{\left(\frac{\sigma_x-\sigma_y}{2}\right)^2+\tau_{xy}^2}}\\[4mm]\cos2\alpha_0=\dfrac{\sigma_x-\sigma_y}{2\sqrt{\left(\frac{\sigma_x-\sigma_y}{2}\right)^2+\tau_{xy}^2}}\end{cases} \tag{2-39}$$

在 $0°\sim360°$ 范围内，夹角 α_0 可计算出两个相差 $180°$ 的值，这两个值对应主方向所在轴线的正负方向。另一主方向与该主方向垂直。

2.1.7 应变状态分析

由上一节可以看出，只要能得到构件一点在任一个坐标系下的 σ_x、σ_y 和 τ_{xy} 三个量，便可计算出该点任意方向的正应力和切应力，并且可以求出该点的主应力和主方向。但是，通常应力数值难以测得，需要在求得给定坐标系下的应变后，使用广义 Hooke（胡克）定律求出该坐标系下的应力。广义 Hooke 定律如下：

$$\begin{cases}\varepsilon_x=\dfrac{1}{E}(\sigma_x-\mu\sigma_y)\\[3mm]\varepsilon_y=\dfrac{1}{E}(\sigma_y-\mu\sigma_x)\\[3mm]\gamma_{xy}=\dfrac{\tau_{xy}}{G}\end{cases} \tag{2-40}$$

用应变表示应力如下：

$$\begin{cases}\sigma_x=\dfrac{E}{1-\mu^2}(\varepsilon_x+\mu\varepsilon_y)\\[3mm]\sigma_y=\dfrac{E}{1-\mu^2}(\varepsilon_y+\mu\varepsilon_x)\\[3mm]\tau_{xy}=G\gamma_{xy}\end{cases} \tag{2-41}$$

构件一点任意方向的线应变可以用电测法测得，但角应变无法测得，因此需要间接的方法。根据广义 Hooke 定律式(2-40)，假设一方向与 x 轴夹角为 α（逆时针为正），则其线应变为

$$\varepsilon_{x1} = \frac{\sigma_{x1}}{E} - \mu \frac{\sigma_{y1}}{E} \qquad (2-42)$$

将式(2-34)代入式(2-42),并利用关系式(2-40)、式(2-41)的第三个等式,另外注意关系式:

$$G = \frac{E}{2(1+\mu)} \qquad (2-43)$$

可以最终求出一点任意方向的线应变:

$$\varepsilon_{\alpha} = \frac{\varepsilon_x + \varepsilon_y}{2} + \frac{\varepsilon_x - \varepsilon_y}{2}\cos 2\alpha - \frac{\gamma_{xy}}{2}\sin 2\alpha \qquad (2-44)$$

因此,若测得同一点三个不同方向的线应变,便可得到三个以 ε_x、ε_y 和 γ_{xy} 为未知量的、系数行列式不为零的方程组,求解该方程组便可求得 ε_x、ε_y 和 γ_{xy}。

实际应用中,把三个应变片以不同角度粘贴在同一点,称为应变花。通常粘贴角度取特殊角度,以便于计算。测得三个不同应变之后,根据式(2-44)得到方程组,可求得 ε_x、ε_y 和 γ_{xy}。进而根据广义 Hooke 定律式(2-41)求出正应力和切应力。

2.2　实验设备与仪器

2.2.1　微机控制电子万能试验机

万能试验机是测定材料性能的最常用设备。之所以称之为"万能",是指通过更换不同的试验机夹头,可以实现多种不同的试验,如拉伸、压缩、三点弯曲、剪切等。目前微机控制电子万能试验机已成为试验机的主流,这类试验机通过计算机控制系统完成试验,控制方式灵活多样,并具备自动记录数据、绘制曲线等功能。

微机控制电子万能试验机是一种伺服控制试验机,与传统的机械式和液压式试验机相比,控制更加精确。而且因为伺服系统不采用液压油,使得场地没有异味。微机控制电子万能试验机系统可以分为两部分,一是试验机主机部分,二是控制系统及软件。下面以 DNS 系列试验机为例进行介绍。

1. 主机部分

主机部分如图 2-13 所示,压缩试台可更换成三点弯曲试台。上横梁固定,下横梁可以移动。框架立柱中有高精密滚珠丝杠,丝杠下端装有同步带轮,伺服驱动系统经行星减速机带动滚珠丝杠使下横梁移动。系统可以实时得到横梁的移动量。

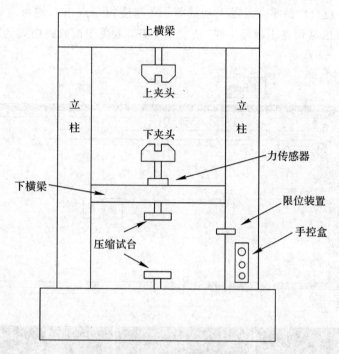

图 2-13 电子万能试验机结构示意图

夹头中的夹块分为 V 形夹块和平板形夹块两大类，分别用于棒材和板材的试验。

限位装置可防止移动横梁的移动超过上下极限位置而造成意外，也可以使移动横梁停止在预定位置。

力传感器装在下夹头与下横梁之间，为轮辐式负荷传感器，可以实时测出作用在试件上的力。

手控盒可以控制下横梁移动，也可以使系统紧急停机。

2. 控制系统及软件

控制系统为闭环，系统对试验参数进行实时采集，通过计算机进行数据处理并向控制器发出控制指令，控制器经过运算后，通过接口控制板卡控制伺服驱动系统工作。DNS 系列试验机采用 TMC 控制器，该控制器在经典的 PID 控制基础上，融合了模糊控制技术，在试验过程中可以实现力、变形、位移三闭环控制量的稳定控制和相互平滑过渡。

软件主界面分为三页，分别为试验操作、方法定义和数据处理。

试验操作页如图 2-14 所示，下面对常用模块作一介绍。操作按钮组按照从上到下、从左到右的顺序，依次为：联机/脱机、启动/制动、横梁快速移动、暂停、横梁上升、开始试验、横梁下降、停止试验、摘除引伸计、返回。通道显示窗口实时显示实验参数，开始试验时，力、位移等通道自动清零，无需手动清零。在速度窗口点击右键可对试验速度进行切换，但要注意切换后必须点击横梁下降（或横梁上升，取决于试验时横梁的移动方向）按钮，速度才会变化。

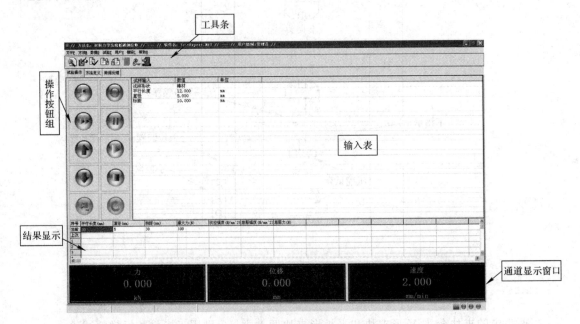

图 2-14　电子万能试验机软件主界面实验操作页

方法定义页有基本设置、设备及通道、控制与采集三个标签。其中控制与采集标签的左侧用于选择控制类型，包括：

（1）速度控制：通过位移控制方式控制试验机横梁匀速移动来加载和卸载。普通的试验多采用速度控制。

（2）自由分段控制：采用分段流程设置，每一段都可以设置不同控制参数，完成复杂的试验模式。

选择的控制类型不同，控制与采集标签右侧显示的界面就不同，图 2-15 给出了选择速度控制时的界面。常用选项如下：

·系统清零选择。有 3 种方式：开始试验前自动清零；开始试验前不自动清零；试验前消除间隙后自动清零。

由于机器内部存在间隙，第三种方式可以在试件真正开始受力时清零并记录数据。使用第三种清零方式时，需要设置两个参数："调节间隙预负荷"和"调节间隙速度"。利用这两个参数来自动控制主机消除间隙。

·横梁初始移动方向。即开始试验后横梁初始移动的方向，一般向下。

- 采样频率。即每秒钟采集的数据点数。
- 试验速度。即横梁移动的初始速度。
- 常用调节速度。可以设置五组速度作为常用调节速度。在速度通道显示窗口上点击鼠标右键，弹出菜单，便可进行选择。但要注意选择后必须点击横梁下降（或横梁上升，取决于试验时横梁的移动方向）按钮，横梁才会按照该速度移动。
- 断裂。试验终止条件一般选择断裂，因此试验程序必须能够判断试件是否断裂。这里有两个参数需要设置，断裂敏感度和断裂阈值。程序在试验过程中会实时记录更新力的最大值，如果检测到力下降到最大值的一个百分比（称为断裂敏感度），程序就自动判断断裂，但有一个前提条件必须满足：检测时力值必须大于设定的断裂阈值。
- 设置通道显示窗口。通道显示窗口如图 2-14 下方所示，程序限制最多可设置显示 6 个通道，显示通道和顺序可自定义。
- 设置实时曲线。试验过程中程序会自动实时绘制出曲线。X 轴和 Y 轴的物理量和单位可在下拉列表框中选择。通常 X 轴为位移，Y 轴为力。曲线图各部分颜色都可以自定义。

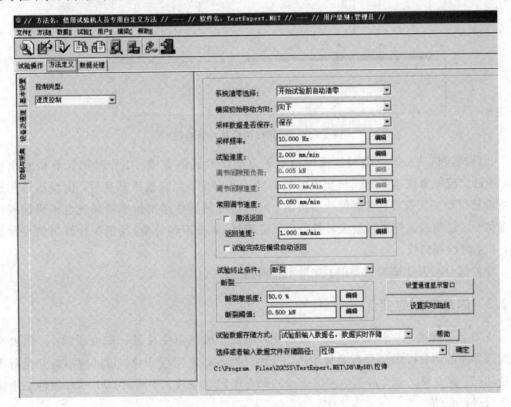

图 2-15 电子万能试验机软件主界面方法定义页

试验结束后，系统自动跳转至数据处理页，并显示曲线。此时工具条有所变化。其中有一个 Excel 图标，可将数据导入 Excel 并显示。此时可以将数据保存为 Excel 文件。注意前 12 行为实验参数，从 13 行开始为实验数据。

2.2.2 扭转试验机

扭转试验机是一种对金属或非金属材料试件进行扭转试验的测量仪器设备，可适用于各行业的扭转力学特性试验。下面以 NWS 系列扭转试验机为例进行介绍，该试验机同样采用微机控制，其结构如图 2-16 所示。尾座可沿线性滑轨移动。其中与尾座相连的夹头为静夹头，不能转动。与主轴相连的夹头为动夹头。动夹头转动向试件施加扭矩。手控盒可以控制动夹头顺时针或逆时针转动，以及紧急停止。

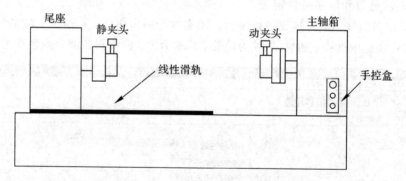

图 2-16　扭转试验机结构示意图

扭转试验机的系统原理与微机控制电子万能试验机的类似。工作时由计算机给出指令，通过交流伺服调速系统控制交流电机的转速和转向，经减速机减速后，由齿形带传递到主轴箱带动夹头旋转，对试件施加扭矩，同时由检测器件扭矩传感器和光电编码器输出参量信号，经测量系统进行放大转换处理，将信号（如扭矩和转角）反映在计算机的显示器上，并实时绘制曲线。

软件部分与万能试验机类似，这里不再赘述。

2.2.3 静态电阻应变仪

正如上文所述，由于构件应变一般较小，应变片的电阻变化量一般也很微小，需要专门的仪器才能将该微弱信号有效显示出。这种仪器就是电阻应变仪，根据所测应变是静态还是动态，应变仪又分为静态电阻应变仪和动态电阻应变仪。下面对 CM-1L 型静态电阻应变仪进行介绍。

CM-1L 型静态电阻应变仪基于单片机技术的应用，全数字智能化设计，全部采用电子开关技术，很好地避免了因机械开关和继电器氧化、老化后接触不良而造成的测量误差。采用仪器上面板接线方式，接线简单方便；接线端子采用进口端子，接触可靠，不易磨损。除测量应变外，部分型号配接应变式力传感器、位移传感器也可直接测量并显示力值、位移值。

CML-1L 型应变仪由测量电桥、放大器、滤波器、模/数转换器、单片机、数字显示、电源等部分组成。其原理方框图如图 2-17 所示。测量电桥按 120 Ω 设计。

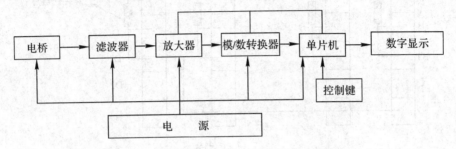

图 2-17　CM-1L 型静态电阻应变仪原理方框图

CM-1L 静态电阻应变仪的面板如图 2-18 所示。

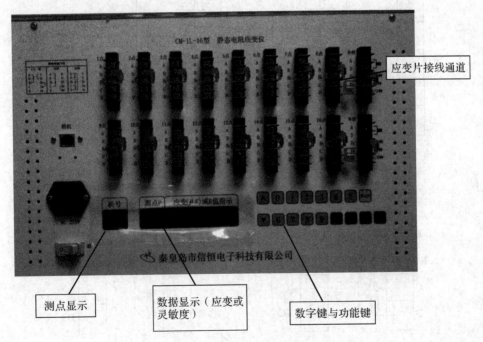

图 2-18　CM-1L 型静态电阻应变仪的面板

应变片连接通道用于连接应变片。该仪器的主要组桥方式有三种：1/4 桥、半桥和全桥，如图 2-19 所示。其中，1/4 桥的各测点共用一个温度补偿片。图 2-19 中给出了各点都采用相同类型桥接时的接线方案。另外，每一组内的测点也可根据需要组成不同方式的电桥，称为混合桥。在此注意：这里一个"测点"指的是一个电桥，而非构件上的测量点，同一测点内的应变片可能分别粘贴在构件的不同位置。

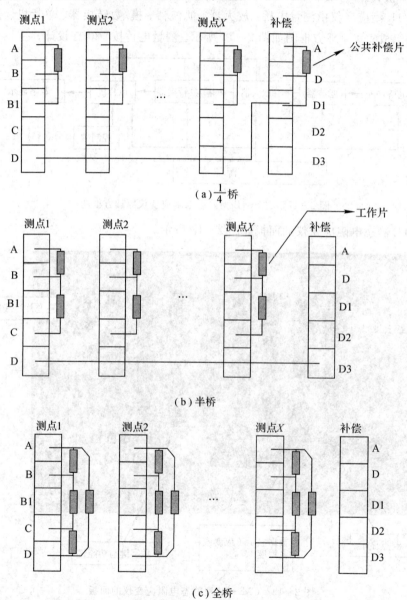

图 2-19 CM-1L 型静态电阻应变仪接线方法

  CM-1L 型静态电阻应变仪的键盘包括数字键及功能键。数字键主要用于数据采集通道的切换及 K 值大小的设置，由数字 0～9 以及增（▲）、减（▼）键组成。功能键共 5 个，即功能换挡 Shift 键、K(S)/测量键、总清/清零键、K(A)/巡检键、机号键。

  有关键盘的详细操作介绍如下：

  （1）切换测点。测点的切换可通过两种途径来实现，用户可通过由数字键输入 2 位数来实现测点切换（如由键盘输入 06，则表头显示切换为第 6 测点应变），也可通过按增/减键来依次查看各通道数据。

  （2）应变片灵敏度修正。应变仪只有在输入应变片灵敏度后才能输出应变。数据显示窗口既可显示应变值（测量界面），也可显示应变片灵敏度（K 值修正界面）。

  当窗口显示测量界面时，用户按 Shift＋K(S)/测量组合键将表头显示切换到 K 值修正界面，查看 K 值或对 K 值进行修正，即首先按下 Shift 键，松手后再快速按下 K(S)/测量键，进入 K 值修正界面，窗口将显示当前测点应变片 K 值，可由数字键的输入对当前 K 值进行修改。例：当前 K 值为 2.000，若输入四位数，如 1900，则表头 K 值指示修正为 1.900，完成对 K 值的设置并自动保存，也可以通过按增/减键来设置。

  表头显示 K 值时只需按下 K(S)/测量键，即可切换回测量界面（显示应变）。（应变值与 K 值显示最显著的差别是应变值无小数点，K 值显示是 2.000 左右的数值。）

  若设置完 K 值后直接返回测量界面，则只对当前测点的 K 值进行修正。若在设置完 K 值后，按 K(A)/巡检键，则仪器所有测点的 K 值将被修改为与当前测量点相同的 K 值，并返回测量界面。

  （3）总清/清零。按总清/清零键，可对当前测点的应变进行清零。若该键与 Shift 键组合，可实现总清功能，即先按下 Shift 键，再按总清/清零键可对各测点自动进行清零，然后返回原测点（即总清前测点）。

  （4）巡检。按一次 K(A)/巡检键，将对各测点自动循环测量一次，并逐一显示。

2.2.4 弯曲正应力实验装置

  弯曲正应力实验装置是一种专门为材料力学课程实验设计的装置，可以完成材料力学教学大纲中的弯曲应变测定，以验证弯曲正应力分布。

  这里以 BWQ 型弯曲正应力实验装置为例进行介绍。该装置实物如图 2-20 所示，它由粘贴好应变片的矩形截面梁、力传感器、加载手轮、测力仪等组成。试件采用 45 号合金钢加工而成，表面经镀铬处理，实验梁粘贴有 8 个应变片，梁的受力以及应变片布置如图 2-21 所示。其中，应变片 8 的方向与其他应变片垂直，可利用其测定材料泊松比。根据材料力学知识可知，在两个集中力作用的中间一段，矩形梁内的力只有弯矩，没有剪力，为纯弯曲问题。

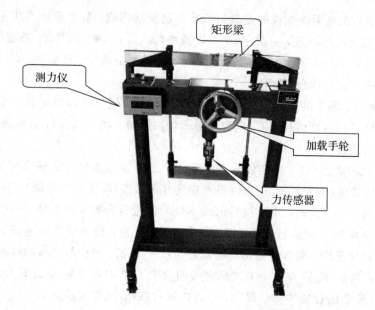

图 2-20　BWQ 型弯曲正应力实验装置

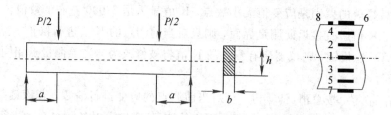

图 2-21　矩形梁的简图与应变片布置

2.2.5　弯扭组合实验装置

弯扭组合实验装置也是一种专门为材料力学课程实验设计的装置，可以完成材料力学教学大纲中的组合变形时的应变测定，根据测定的应变可计算出其他力学量。通常装置以薄壁圆管为构件，实验可测定其表面一点主应力大小和方向。通过应变片的合理布置，还可测得弯矩、扭矩、剪力单独造成的应变。

这里以 BWN 型弯扭组合实验装置为例进行介绍。该装置见图 2-22，它由粘贴好应变片的薄壁圆管、扇臂、钢索、力传感器、加载手轮、测力仪等组成。实验时，转动加载手轮，力传感器受力，信号输给数字测力仪，此时，数字测力仪显示的数字即为作用在扇臂端的载荷值，扇臂端作用力传递至薄壁圆管上，使其产生弯扭组合应变。

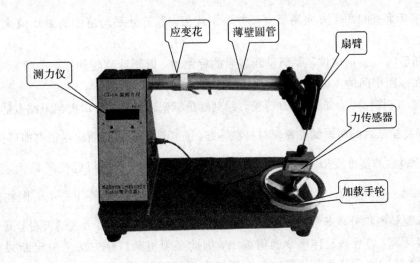

图 2-22 BWN 型弯扭组合实验装置

2.3 基础实验

实验一 拉伸实验

一、实验目的

(1) 测定低碳钢材料拉伸时的屈服极限、强度极限、延伸率和截面收缩率。

(2) 测定铸铁材料拉伸时的强度极限。

(3) 观察两种材料拉伸过程中的各种现象、拉断后的断口情况，分析二者的力学性能。

(4) 熟悉电子万能试验机和其他仪器的使用。

二、实验设备与仪器

微机控制电子万能试验机(型号：DNS-100)、游标卡尺。

三、实验原理

1. 标准试件

金属材料拉伸实验试样的横截面原始面积按照以下原则确定：在标距两端及中间三处

横截面上相互垂直的两个方向测量直径并取平均值，取三处平均值中的最小值来计算试样横截面原始面积 A。

对拉断后的低碳钢试件，要测量断裂后的标距 l_1，以便计算延伸率。按国标中的规定，断口应处在标距中间的 1/3 长度内。

实验前，应将标距 l_0 划分成 10 等份，并刻画出标记线。如果断口离标距端点的距离大于 $\frac{1}{3} l_0$，只要将拉断后的两段试件紧密对拼在一起，直接测量原标距两端点距离即可得 l_1。

试件断裂后的塑性变形不是均匀的，由于颈缩的存在，断口附近变形最大，其余位置距离断口越远，变形越小。如果断口离标距一端点的距离小于或等于 $\frac{1}{3} l_0$，则在这种情况下，整个标距被断口分成长短两部分，其中较长的一段，距离断口太远的部分，其伸长量较小，若直接计算，将导致延伸率 δ 的值偏小，因此必须用断口移中法来确定断裂后的标距 l_1。断口移中法的本质是舍弃长段中距离断口太远的部分，用长段中距离断口较近的部分"代替"这一部分，以达到与断口在标距中间时等效的目的。

为了便于描述，不妨设断口位置偏左。将拉断的试件断口紧密对拼后，以断口 O 为起点，向右在长段上取基本等于短段的格数，得到 B 点。若长段剩余格数为偶数，则取长段中点为 C 点，移位后的 $l_1 = AB + 2BC$；若长段剩余格数为奇数，则从 B 点向右取剩余格数减 1 后的一半格数得到 C 点，从 B 点向右取剩余格数加 1 后的一半格数得 C_1 点，移位后的 $l_1 = AB + BC + BC_1$。

若断口在标距外，则实验无效，应重做。

2. 低碳钢和铸铁拉伸时的力学性质

低碳钢拉伸曲线主要分以下几个阶段：

（1）弹性阶段。

（2）屈服阶段，通常选择下屈服点为屈服极限，屈服极限按 F_{sL}/A 确定。

（3）强化阶段，抗拉强度按 F_m/A 确定。

（4）局部变形阶段，试件发生颈缩，直至拉断。

试件拉断后，断面收缩率按 $\frac{A - A_1}{A} \times 100\%$ 计算，其中 A_1 为颈缩处的最小横截面面积。断后伸长率按 $\frac{l_1 - l_0}{l_0} \times 100\%$ 计算。

铸铁整个拉伸过程中的变形很小，无屈服、颈缩现象，拉伸图无直线段，曲线很快达到最大拉力，试件突然断裂，设断裂载荷为 F_m，则抗拉强度为 F_m/A。

四、实验步骤

（1）核对试件是否与要测试的材料相符，然后检查外观是否符合要求。对低碳钢材料，从等直段中取 100 mm 作为标距，并用记号笔划分为 10 等份。

（2）实验前测量试件直径，并填入实验报告。

（3）打开计算机和试验机，打开"TestExpert"软件，直接点击登录。进入软件后，点击左侧操作按钮组中的"联机"按钮。

（4）联机后，操作按钮组的"启动"按钮便由灰色变为彩色，点击之，会听到"咔嚓"一声响，表明试验机启动成功。

（5）利用手控盒使横梁做适当移动，以方便安装试件。

（6）安装试件。先安装下端，之后将上夹头打开，利用手控盒令横梁缓缓上移，再将试件上端用夹头夹紧。

（7）点击菜单栏中的"方法 M"，选择实验方式"低碳钢（或铸铁）拉伸实验"。点击操作按钮组的"开始实验"按钮，并点击"确定"按钮。

（8）试件拉断后，会提问"本次实验是否有效"，并要求输入实验名称。若断口在标距外，则实验无效，应重做。实验名称格式为：班号＋组号＋材料＋实验方法，如 1304011 第 1 组铸铁拉伸。

（9）之后界面会直接进入"数据处理"。点击菜单栏的 Excel 图标，可以用 Excel 打开数据。将数据另存在桌面上，命名方法为：班号＋组号＋材料＋实验方法。注意 Excel 文件前 12 行为实验参数，从第 13 行开始为实验数据。

（10）取出试件，观察断口截面形状并画在实验报告上。对于低碳钢材料，需要测量断后标距和颈缩处直径，并填入实验报告。

（11）整理现场。将桌面上的实验数据复制到自带闪存盘中。

五、注意事项

（1）务必注意试件应紧固在试验机夹头上，以防止打滑。

（2）拉伸过程中应站在安全黄线以外，并佩戴护目镜。若有异常声音或现象应立即按下紧急停止按钮。

六、实验数据记录及处理

1. 测定低碳钢拉伸时的力学性能

将实验数据填入表 2-1 和表 2-2 中。

表 2 - 1　低碳钢拉伸试件直径数据

直径 d_0/mm								
横截面 1			横截面 2			横截面 3		
方向 1	方向 2	平均	方向 1	方向 2	平均	方向 1	方向 2	平均

表 2 - 2　低碳钢拉伸实验数据

试　件　尺　寸	实　验　数　据
实验前： 　标距＿＿＿＿＿＿ mm 　直径＿＿＿＿＿＿ mm 　横截面面积＿＿＿＿＿＿ mm² 实验后： 　标距＿＿＿＿＿＿ mm 　最小直径 ＿＿＿＿＿＿ mm 　最小横截面面积＿＿＿＿＿＿ mm²	屈服载荷＿＿＿＿＿＿ kN 最大载荷＿＿＿＿＿＿ kN 屈服应力＿＿＿＿＿＿ MPa 抗拉强度＿＿＿＿＿＿ MPa 延伸率＿＿＿＿＿＿ 断面收缩率＿＿＿＿＿＿
实验前试件草图	实验后试件草图
实验前：	实验后(画出形状与断口特征)：

2. 测定铸铁拉伸时的力学性能

将实验数据填入表 2-3 和表 2-4 中。

表 2-3 铸铁拉伸试件直径数据

直径 d_0/mm								
横截面 1			横截面 2			横截面 3		
方向 1	方向 2	平均	方向 1	方向 2	平均	方向 1	方向 2	平均

表 2-4 铸铁拉伸实验数据

试 样 尺 寸	实 验 数 据
实验前： 　　直径 ＿＿＿＿＿＿ mm 　　截面面积 ＿＿＿＿＿＿ mm²	最大载荷 ＿＿＿＿＿＿ kN 抗拉强度 ＿＿＿＿＿＿ MPa
实验前试件草图	实验后试件草图
实验前：	实验后（画出形状与断口特征）：

3. 绘制力-位移曲线

基于输出的数据，利用软件绘制低碳钢和铸铁的力-位移曲线（横坐标为位移，纵坐标为力），打印并粘贴在实验报告纸上。

4. 分析与比较

分析并比较两种材料拉伸时的力学性能，填表 2-5。

表 2-5　拉伸性能比较

低　碳　钢	铸　铁

实验二　扭　转　实　验

一、实验目的

（1）测定低碳钢材料扭转时的屈服极限、强度极限。

（2）测定铸铁材料扭转时的强度极限。

（3）观察两种材料扭转过程中的各种现象、拉断后的断口情况，分析二者的力学性能。

（4）熟悉扭转试验机和其他仪器的使用。

二、实验设备与仪器

微机控制电子扭转试验机（型号：NWS-1000）、游标卡尺。

三、实验原理

1. 标准试件

按国家标准采用圆截面试件的扭转试验，可以测定各种工程材料在纯剪切情况下的力学性能。如材料的屈服剪应力和抗剪强度等。试件与拉伸试件类似，但夹持端有一面铣削为平面，这样可以有效地防止试验时试件在试验机卡头中打滑。

试验前在标距两端及中间三处横截面上相互垂直的两个方向测量直径并取平均值；取三处平均值中的最小值为直径，用来计算试件的截面抗扭系数。

2. 低碳钢和铸铁扭转时的力学性质

低碳钢试件的扭转试验曲线由弹性阶段、屈服阶段和强化阶段构成，但屈服阶段和强化阶段均不像拉伸试验曲线中那么明显。破坏时试验段的扭转角可达数千度。

低碳钢屈服和近似破坏时的切应力分布与弹性阶段不同，因此需要用公式 $3T_s/(4W_p)$ 和 $3T_b/(4W_p)$ 计算材料的屈服剪应力和抗剪强度。

铸铁试件整个扭转过程中的扭转角很小，无屈服现象，扭转图无直线段，试件突然断裂，断裂载荷为 T_b，抗剪强度为 T_b/W_p。

四、实验步骤

（1）核对试件是否与要测试的材料相符，然后检查外观是否符合要求。试验前用游标卡尺测量低碳钢、铸铁材料的直径，并填入实验报告。

（2）打开计算机和试验机，打开"Torsion"软件，直接点击登录。进入软件后，点击左侧操作按钮组中的"联机"按钮。

（3）联机后，操作按钮组的"启动"按钮便由灰色变为彩色，点击之，会听到"咔嚓"一声响，试验机启动成功。

（4）利用手控盒（顺时针为加速）使夹头做适当转动，以方便安装试件，注意不要按下手控盒的旋钮（按下为紧急制动）。

（5）安装试件。先安装右端动夹头（先不要拧紧），之后将左端静夹头往右推，再安装静夹头，最后再将两端都上紧。

（6）点击菜单栏中的"方法 M"，选择实验方式"低碳钢（铸铁）扭转实验"。点击操作按钮组中的"开始实验"按钮，并点击"确定"按钮。本实验默认采用顺时针转动。

（7）当低碳钢试件经过屈服阶段后，右键点击速度通道，将速度调快，但要注意调整完后，需要点击操作按钮组中的"顺时针"按钮，速度才会变化。

（8）试件扭断后，会提问"本次实验是否有效"，并要求输入实验名称。实验名称格式为：班号＋组号＋材料＋实验方法。

（9）之后界面会直接进入"数据处理"。点击菜单栏的 Excel 图标，可以用 Excel 打开数据。将数据另存在桌面上，命名方法为：班号＋组号＋材料＋实验方法。注意前 12 行为实验参数，从第 13 行开始为实验数据。

（10）取出试件，整理现场。观察断口截面形状并画在实验报告上。将桌面上的实验数据复制到自带闪存盘。

五、注意事项

（1）务必注意试件应紧固在试验机夹头上，以防止打滑。

（2）扭转过程中应站在安全黄线以外，若有异常声音或现象应立即按下紧急停止按钮。

六、实验数据记录及处理

1. 测定低碳钢扭转时的力学性能

将实验数据填入表 2-6 和表 2-7 中。

表 2-6 低碳钢扭转试件直径数据

直径 d_0/mm								
横截面 1			横截面 2			横截面 3		
方向 1	方向 2	平均	方向 1	方向 2	平均	方向 1	方向 2	平均

表 2-7 低碳钢扭转实验数据

试 件 尺 寸	实 验 数 据
直径 _____ mm	屈服载荷 _____ N·M
	最大载荷 _____ N·M
	屈服应力 _____ MPa
抗扭截面系数 _____	抗剪强度 _____ MPa

续表

实验前试件草图	实验后试件草图
实验前:	实验后(画出形状与断口特征):

2. 测定铸铁扭转时的力学性能

将实验数据填入表 2-8 和表 2-9 中。

表 2-8 铸铁扭转试件直径数据

直径 d_0/mm								
横截面 1			横截面 2			横截面 3		
方向 1	方向 2	平均	方向 1	方向 2	平均	方向 1	方向 2	平均

表 2-9 铸铁扭转实验数据

试 件 尺 寸	实 验 数 据
直径＿＿＿＿＿＿＿＿mm	最大载荷＿＿＿＿＿＿＿N·M
抗扭截面系数＿＿＿＿＿＿＿	抗剪强度＿＿＿＿＿＿＿MPa
实验前试件草图	实验后试件草图
实验前:	实验后(画出形状与断口特征):

3. 绘制扭矩-转角曲线

基于输出的数据,利用软件绘制低碳钢和铸铁的扭矩-转角曲线(横坐标为转角,纵坐标为扭矩),打印并粘贴在实验报告纸上。

4. 分析与比较

分析并比较两种材料扭转力学性能,并根据断口形状,分析并比较两种试件的破坏原因,填入表2-10中。

表 2-10　扭转性能比较

低　碳　钢	铸　铁

实验三　弯曲正应力实验

一、实验目的

(1) 用电测法测定纯弯曲钢梁横截面不同位置的正应力,验证理论公式。

(2) 掌握电测应变的原理。

二、实验设备与仪器

弯曲正应力实验装置(型号:BWQ-1A)、静态电阻应变仪(型号:CM-1L-16)。

三、实验原理

1. 理论公式

本实验的测试对象为低碳钢制矩形截面简支梁,如图2-23所示。由材料力学知识可

知，梁中段为纯弯曲，且该段弯矩大小恒定，为

$$M = \frac{P}{2}a \qquad (2-45)$$

横截面上弯曲正应力分布为

$$\sigma = \frac{My}{I_z} \qquad (2-46)$$

式中：y 为点到中性轴的距离；I_z 为梁截面对中性轴的惯性矩。根据式（2-46），可知中性轴上各点的正应力为零，截面的上、下边缘上各点正应力数值为最大。

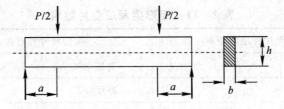

图 2-23　矩形梁的尺寸参数

2. 实验研究

为了消除误差，实验采用增量法。也就是先加一个初载荷，然后将欲加载的载荷作为载荷的增量逐级加载，并逐次计算应变增量。例如，欲测量 $P = 50$ N 时的应变，可以先加一个初载荷 10 N，之后记录 60 N、110 N、160 N、210 N 时应变的增量，再将增量相加除以 4 求平均值即可得到 50 N 时的应变。

为了测量梁纯弯曲时横截面上的应变分布规律，在梁的纯弯曲段同一纵向位置，横向布置了 7 枚应变片。

四、实验步骤

（1）打开将数字测力仪开关，预热 10 分钟，并检查该装置是否处于正常实验状态。

（2）令载荷为零，将所有通道清零（快速依次按 Shift 键和清零键）。

（3）采用增量法进行实验，分级缓慢加载，初载 500 N 并以每级 500 N 分四次加载，记录各级载荷下应变片 1～8 的应变读数。

（4）实验完毕，卸去载荷，关闭测力仪开关。

（5）根据实验要求进行数据处理。

五、注意事项

（1）每次实验时，必须先打开测力仪方可旋转手轮，以免损坏实验装置。

（2）实验完必须卸载，即测力仪显示为零或出现"—"号时再关闭测力仪开关（以防止结构因长时间受载而损坏）。

（3）最大载荷为 7000 N，不可超出该值。

（4）应变片灵敏度已设置好，不要误操作，以防改变应变片灵敏度。

六、实验数据记录及处理

1. 梁的尺寸及力学性质

将实验数据填入表 2 - 11 中。

表 2 - 11　矩形梁及应变片数据

应变片至中性层的距离		梁的尺寸和有关参数	
y_1		宽度(b)	
y_2		高度(h)	
y_3		载荷距离(a)	
y_4		弹性模量(E)	
y_5		泊松比(μ)	
y_6		惯性矩(I_z)	
y_7			
y_8			

2. 应变测试

将实验数据填入表 2 - 12 中。

表 2 - 12　弯曲正应力实验数据

	ε_1	ε_2	ε_3	ε_4	ε_5	ε_6	ε_7
$P_0 = 500$ N							
$P_1 = 1000$ N							
$P_2 = 1500$ N							
$P_3 = 2000$ N							
$P_4 = 2500$ N							
$\Delta P = 500$ N 平均	$\Delta\varepsilon_1 =$	$\Delta\varepsilon_2 =$	$\Delta\varepsilon_3 =$	$\Delta\varepsilon_4 =$	$\Delta\varepsilon_5 =$	$\Delta\varepsilon_6 =$	$\Delta\varepsilon_7 =$

3. 实验值和理论值比较

将弯曲正应力实验的实验值与理论值填入表 2 – 13 中，并比较。

表 2 – 13　弯曲正应力实验与理论比较

比较＼测点	1	2	3	4	5	6	7
正应力理论值/MPa							
正应力实验值/MPa							
相对误差							

4. 应力分布简图

绘出应力的理论分布图和实验结果图，并比较。

理论分布　　　　　　　　　　　　实验结果

七、思考题

分析实验误差的可能因素。

实验四 弯扭组合主应力实验

一、实验目的

(1) 测定弯扭组合主应力的大小和方向，并与理论值进行比较。

(2) 掌握电测应变的原理。

二、实验设备与仪器

弯扭组合实验装置(型号：BWN-1A)、静态电阻应变仪(型号：CM-1L-16)。

三、实验原理

1. 由实验确定主应力大小及方向

实际工程中，线应变较为容易测得。因此如在三个不同方向贴三个应变片，测得三个线应变，则可得到由三个方程组成的方程组。解出 ε_x、ε_y 和 γ_{xy}，进而可求得应力分量以及主应力大小及方向。通常三个方向均选取特殊角度以便计算。这里选取 $-45°$、$0°$ 和 $45°$。

求得主应变后，根据广义 Hooke 定律可以进一步求出主应力。最终可以推导出主应力与三个线应变的关系式：

$$\left.\begin{array}{r}\sigma_1\\\sigma_2\end{array}\right\} = \frac{E}{1-\mu^2}\left[\frac{1+\mu}{2}(\varepsilon_{-45}+\varepsilon_{45}) \pm \frac{1-\mu}{\sqrt{2}}\sqrt{(\varepsilon_{-45}-\varepsilon_0)^2+(\varepsilon_0-\varepsilon_{45})^2}\right] \quad (2-47)$$

以及主应力方向(与主应变一致)：

$$\tan 2\alpha = \frac{\varepsilon_{45}-\varepsilon_{-45}}{(\varepsilon_0-\varepsilon_{-45})-(\varepsilon_{45}-\varepsilon_0)} \quad (2-48)$$

2. 由理论确定主应力大小及方向

结构的尺寸参数如图 2-24 所示，根据材料力学知识，可得弯曲正应力为

$$\sigma_x = \frac{P \cdot L}{W} \quad (2-49)$$

扭转剪应力为

$$\tau_{xz} = \frac{P \cdot a}{W_n} \quad (2-50)$$

式中，抗弯截面模量为

$$W_n = \frac{\pi}{32}D^3\left(1-\left(\frac{d}{D}\right)^4\right) \quad (2-51)$$

抗扭截面模量为

$$W_p = 2W \tag{2-52}$$

主应力及主方向为

$$\sigma_{1,3} = \frac{1}{2}\left(\sigma_x \pm \sqrt{\sigma_x^2 + 4\tau_{xz}^2}\right) \tag{2-53}$$

$$\tan 2\alpha = -\left(\frac{2\tau_{xz}}{\sigma_x}\right) \tag{2-54}$$

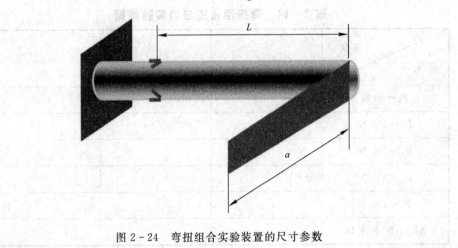

图 2-24 弯扭组合实验装置的尺寸参数

四、实验步骤

(1) 打开数字测力仪开关，预热 10 分钟，并检查该装置是否处于正常实验状态。

(2) 令载荷为零，将所有通道清零(快速依次按 Shift 键和清零键)。

(3) 采用增量法进行实验，分级缓慢加载，初载为 50 N，以每级 100 N 加至 450 N，记录各级载荷下 3 个应变片的应变读数，并计算增量。

(4) 实验完毕，卸去载荷，关闭测力仪开关。

(5) 根据实验要求进行数据处理。

五、注意事项

(1) 每次实验时，必须先打开测力仪方可旋转手轮，以免损坏实验装置。

(2) 实验完必须卸载，即测力仪显示为零或出现"-"号时再关闭测力仪开关，以防止结构因长时间受载而损坏。

(3) 最大载荷为 450 N，不可超出该值。

(4) 应变片灵敏度已设置好，不要误操作，以防止改变应变片灵敏度。

六、实验数据记录及处理

1. 数据记录

薄壁圆筒内径为_____mm，外径为_____mm，弹性模量为_____GPa，泊松比为_____，$L=$_____mm，$a=$_____mm。

根据实验情况填表 2-14。

表 2-14　弯扭组合主应力实验数据

载荷/N　　应变	ε_{-45}	ε_0	ε_{45}
$F_0=50$ N			
$F_1=150$ N			
$F_2=250$ N			
$F_3=350$ N			
$F_4=450$ N			
$\Delta F=100$ N 平均			

2. 实验结果分析

（1）根据实验结果计算主应力大小和方向。

（2）根据理论公式计算主应力大小及方向。

（3）对比实验和理论结果，进行简单分析。

七、思考题

如何从 6 个应变片中选择应变片组成温度自补偿的电桥，单独测出弯矩造成的正应变和扭矩造成的切应变？

★本章参考文献

[1]　金忠谋. 材料力学：下册[M]. 2 版. 北京：机械工业出版社，2008.

[2]　孙国钧，赵社戍. 材料力学[M]. 2 版. 上海：上海交通大学出版社，2015.

[3]　贾杰，丁卫. 力学实验教程[M]. 北京：清华大学出版社，2012.

[4]　张如一，陆耀桢. 实验应力分析[M]. 北京：机械工业出版社，1981.

[5]　侯德门，赵挺，殷民，等. 材料力学实验[M].西安：西安交通大学出版社，2011.

[6]　邓宗白，陶阳，金江. 材料力学实验与训练[M].北京：高等教育出版社，2014.

[7]　电子万能试验机使用说明书. 长春：中机试验装备股份有限公司.

[8]　CM-1L 系列静态电阻应变仪使用说明书. 秦皇岛：秦皇岛市信恒电子科技有限公司.

第三章　流体力学实验

3.1　基础知识

3.1.1　Bernoulli 方程

考虑理想流体(无黏，不可压缩)的 Navier-Stokers 方程：

$$\frac{\partial \boldsymbol{u}}{\partial t} + (\boldsymbol{u} \cdot \nabla)\boldsymbol{u} = -\frac{1}{\rho}\nabla p + \boldsymbol{g} \qquad (3-1)$$

其中，$\boldsymbol{u}$ 为速度场；p 为压强场；$\boldsymbol{g}$ 为惯性力场。方程左端第一项表示本地加速度，第二项表示对流加速度。右端两项分别代表压差力和惯性力。方程(3-1)也称为 Euler 方程。

将速度场的旋度定义为涡量场：

$$\boldsymbol{\Omega} = \nabla \times \boldsymbol{u} \qquad (3-2)$$

可以证明，对流加速度项可以展开为

$$(\boldsymbol{u} \cdot \nabla)\boldsymbol{u} = \nabla\left(\frac{V^2}{2}\right) - \boldsymbol{u} \times \boldsymbol{\Omega} \qquad (3-3)$$

其中，V 是速度场 $\boldsymbol{u}$ 的模。将式(3-3)代入式(3-1)可得

$$\frac{\partial \boldsymbol{u}}{\partial t} + \nabla\left(\frac{V^2}{2}\right) - \boldsymbol{u} \times \boldsymbol{\Omega} = -\frac{1}{\rho}\nabla p + \boldsymbol{g} \qquad (3-4)$$

该方程也称为 Lamb-Громеко 方程。考虑惯性力为重力的情形，取 z 轴正方向与重力加速度相反，则

$$\boldsymbol{g} = -\nabla(gz) \qquad (3-5)$$

再假设密度 ρ 为常数，式(3-4)可整理为

$$\frac{\partial \boldsymbol{u}}{\partial t} + \nabla\left(\frac{p}{\rho} + \frac{V^2}{2} + gz\right) = \boldsymbol{u} \times \boldsymbol{\Omega} \qquad (3-6)$$

对于定常流动，第一项的本地加速度为 0，则

$$\nabla\left(\frac{p}{\rho} + \frac{V^2}{2} + gz\right) = \boldsymbol{u} \times \boldsymbol{\Omega} \qquad (3-7)$$

沿流线取切线元 ds：

$$ds = i\,dx + j\,dy + k\,dz \tag{3-8}$$

用 ds 点乘式（3-7）各项：

$$\nabla\left(\frac{p}{\rho} + \frac{V^2}{2} + gz\right) \cdot ds = (u \times \Omega) \cdot ds \tag{3-9}$$

首先，注意：

$$ds \cdot \nabla = dx\,\frac{\partial}{\partial x} + dy\,\frac{\partial}{\partial y} + dz\,\frac{\partial}{\partial z} = d \tag{3-10}$$

也就是全微分。其次，ds 方向与速度场 u 一致，因此式（3-9）中方程右侧做点乘的两个矢量互相垂直，故有

$$d\left(\frac{p}{\rho} + \frac{V^2}{2} + gz\right) = 0 \tag{3-11}$$

也就是

$$\frac{p}{\rho} + \frac{V^2}{2} + gz = 常数 \tag{3-12}$$

上式表示单位重量的流体沿流线机械能守恒。又可写作：

$$\frac{p}{\rho g} + \frac{V^2}{2g} + z = 常数 \tag{3-13}$$

式（3-13）中每一项都具有高度的量纲。三项分别称为压强水头、速度水头、高度水头。压强水头与高度水头之和称为测压管水头，三者之和称为总水头。

式（3-12）和式（3-13）称为 Bernoulli 方程。其应用条件为：理想等密度流体，惯性力为重力，沿流线。也就是说，在流线上任取两点 1 和 2，有

$$\frac{p_1}{\rho g} + \frac{V_1^2}{2g} + z_1 = \frac{p_2}{\rho g} + \frac{V_2^2}{2g} + z_2 \tag{3-14}$$

虽然 Bernoulli 方程只适用于流线，但在工程中也常将其近似用于管道流动，此时使用的速度 V 是管道的平均流速，需要引入一个修正因子 α：

$$\frac{p_1}{\rho g} + \frac{\alpha_1 V_1^2}{2g} + z_1 = \frac{p_2}{\rho g} + \frac{\alpha_2 V_2^2}{2g} + z_2 \tag{3-15}$$

式中，下标 1 和 2 指管道的两个断面。由于实际管道都有损耗，考虑损耗后，式（3-15）写作：

$$\frac{p_1}{\rho g} + \frac{\alpha_1 V_1^2}{2g} + z_1 = \frac{p_2}{\rho g} + \frac{\alpha_2 V_2^2}{2g} + z_2 + h_f \tag{3-16}$$

3.1.2　管道流动沿程损失

式（3-16）称为能量方程。其中 h_f 称为水头损失，若截面 1 为上游，截面 2 为下游，则这一项为正。若管道截面不变，则速度 $V_1 = V_2$，$\alpha_1 = \alpha_2$，根据式（3-16），可得

$$h_f = \left(z_1 + \frac{p_1}{\rho g}\right) - \left(z_2 + \frac{p_2}{\rho g}\right) = \Delta z + \frac{\Delta p}{\rho g} \tag{3-17}$$

取截面 1 和截面 2 之间的流体为控制体，如图 3-1 所示，则根据动量定理，由于两截面处动量相等，可列出等式：

$$\Delta p \cdot (\pi R^2) + \rho g (\pi R^2) \Delta L \sin\phi - \tau_w (2\pi R) \Delta L = 0 \tag{3-18}$$

可推导出

$$h_f = \frac{2\tau_w}{\rho g} \frac{\Delta L}{R} \tag{3-19}$$

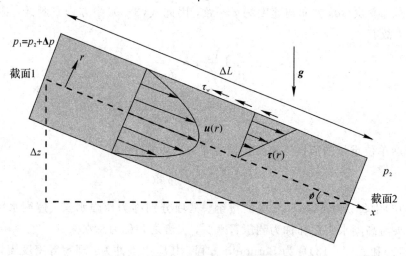

图 3-1　截面 1 和截面 2 之间的控制体

可以看出，水头损失 h_f 与壁面切应力 τ_w 有关。根据量纲分析法，可推导出

$$\frac{8\tau_w}{\rho V^2} = F\left(\mathrm{Re}_d, \frac{\varepsilon}{d}\right) \tag{3-20}$$

式中：F 为未知的函数关系；ε 为壁面绝对粗糙度，具有长度量纲；d 为管道直径；ε/d 为壁面相对粗糙度；Re_d 为 Reynold（雷诺）数。定义无量纲数：

$$f = \frac{8\tau_w}{\rho V^2} \tag{3-21}$$

该无量纲数称为 Darcy 摩擦因子，由式（3-20）可知，其取决于 Reynold 数和壁面相对粗糙度。由式（3-21）解出 τ_w，代入式（3-19），并将 ΔL 简记作 L，可得

$$h_f = f \frac{L}{d} \frac{V^2}{2g} \tag{3-22}$$

式（3-22）称为 Darcy-Weisbach 方程，适用于光滑管、粗糙管的层流或湍流运动，因此具有重要工程意义。可见，关键是确定 Darcy 摩擦因子 f，该值一般通过大量试验来确定。

3.2　实验设备与仪器

3.2.1　Pitot 管

Pitot 管是测量流体流速的常用工具,由两根粗细不同的同轴圆管组成(见图 3-2)。其中内管前端 O 点开有小孔,而外管 B 点沿周向开有若干小孔。由于管道很细,因此忽略 A、O、B 三点高度差。流体流至 O 点处时(小孔尺寸很小),根据壁面条件,该点为滞止点,速度降为 0。不考虑损耗,A 点和 O 点有 Bernoulli 方程:

$$p_A + \frac{\rho V_A^2}{2} = p_O \tag{3-23}$$

式(3-23)左端第一项称为静压强,第二项称为动压强。式(3-23)表明,在滞止点总压强为静压强和动压强之和。因此,内管测得的压强为总压强。

由 A、B 两点速度相等,易知这两点压强也相等,因此外管测得的压强为静压强。

将内、外管测得的压强相减,得到动压强,便可进一步计算出流体的流速。

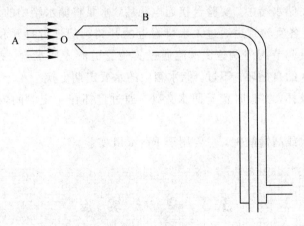

图 3-2　Pitot 管

3.2.2　流体力学综合实验台

流体力学综合实验台是为流体力学课程教学实验开发的一套设备。该设备由储水箱、水泵、稳压水箱、压差板、回水盒、颜色罐、调节阀以及若干实验管构成。图 3-3 给出了 LTZ-15 流体力学综合实验台的示意图。为了简洁,一些连接管,如测压管的连接软管等没有画出。

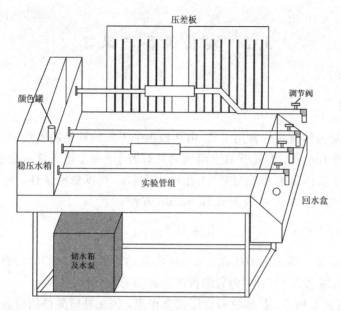

图 3-3 LTZ-15 流体力学综合实验台

实验用水储存在储水箱中,实验台接通电源后,水泵将储水箱中的水抽出到稳压水箱,并流入各实验管道。各实验管道通过入水口附近的开关阀门进行打开和关闭,打开后可通过出水口附近的流量调节阀门调速。水流通过实验管道流入回水盒,并重新流回储水箱,由此实现了实验用水的自循环。不过,储水箱中的水要定期更换。

实验台配套有量杯,实验时置于回水盒处,通过量杯在一定时间内的储水量,可以计算出流量。

颜色罐内置墨水或高锰酸钾,主要用于 Reynold 实验。

3.3 基础实验

实验一 Reynold 实验

一、实验目的

(1) 观察层流、湍流的流动状态及其转变。

（2）学习古典流体力学中应用无量纲数进行实验研究的方法。

（3）测定流态转变时的临界 Reynold 数，掌握圆管流态判别准则。

二、实验设备

LTZ－15 流体力学综合实验台。

三、实验原理

实际流体的流动会随着流速的变化呈现出两种不同的模式：层流和湍流（如图 3 - 4 所示）。当流体流速较小时，黏性力对流体质点起主导作用，扰动会迅速衰减，质点沿管道直线运动，形成流层（各层的流体质点互不混杂，称为层流）；当流体流速增大到一定程度时，黏性力的控制作用逐渐减弱，惯性力的作用增加，由于扰动的存在，各流层的流体形成小涡，互相混杂，称为湍流。从层流到湍流，是一个量变到质变的过程。在湍流中存在随机变化的脉动量，而在层流中则没有。

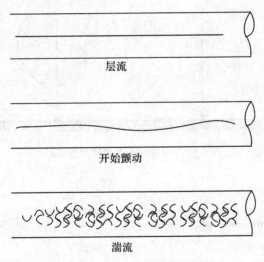

图 3 - 4　从层流到湍流

圆管中的流态取决于 Reynold 数：

$$Re = \frac{Vd}{\nu}$$

其中，d 是圆管直径；V 是断面平均流速；ν 是流体的运动黏度系数，其值等于动力黏度系数 μ 与密度 ρ 的比值。

正如上文所述，实际流体的具体流态是惯性力的扰动作用与黏性力的稳定作用的综合结果。针对圆管中定常流动的情况，直观上容易理解：减小圆管直径、减小流速、加大黏性三种途径都有利于提高流动的抗扰能力。综合来看，小 Reynold 数流动趋于稳定，抗扰能力强，而大 Reynold 数流动稳定差，容易发生湍流现象。

圆管中定常流动的流动状态发生临界转变时对应的 Reynold 数称为临界 Reynold 数，又分为上临界 Reynold 数和下临界 Reynold 数。上临界 Reynold 数表示超过此 Reynold 数的流动必为湍流，但该值在实验中很不稳定，处于一个较大的取值范围中。比较稳定的是下临界 Reynold 数，表示低于此 Reynold 数的流动必为层流，有确定的数值。一般圆管定常流动的下临界 Reynold 数取为 $Re_{cr} = 2300$。

相同流量下，将圆管层流和湍流流动的断面流速分布作一比较，可以看出层流流速分布呈抛物线，而湍流流速分布由于各层之间的交换作用，相对比较均匀，在湍流核心区呈现对数分布(见图 3-5)。

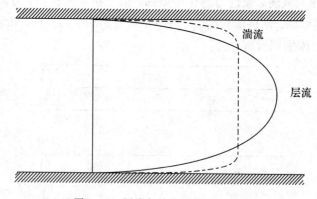

图 3-5　层流与湍流速度分布比较

四、实验步骤

(1) 记录管道直径和水温，插上电源。

(2) 观察两种流态。

① 打开 Reynold 实验管总阀门。先把出水口附近的流量调节阀关上，待水箱充水至溢流水位并稳定后，稍稍开启流量调节阀门，并于实验管内注入墨水或高锰酸钾，使有色水流呈现一直线状。

② 通过有色水质点的运动，观察管内水流的层流流态，然后逐步开大流量调节阀门，通过有色水线的变化来观察层流转变到湍流的现象。

③ 待管中出现完全湍流后，再逐步关小流量调节阀门，观察由湍流转变为层流的现象。

(3) 测定下临界 Reynold 数。

① 先将流量调节阀门开大，使管中呈完全湍流状态，然后逐渐关小流量调节阀门，使

流量逐渐减小，当流量调节到使有色水在整个管道内刚好呈现出一稳定直线时，该状态即为下临界状态。

② 出现临界状态时，通过量杯测量体积计算流量，并计算下临界 Reynold 数，与 2300 比较，若偏离过大，需重新测量。

③ 按上述步骤再进行至少 3 次下临界 Reynold 数的测定。

（4）测定上临界 Reynold 数。

① 将流量调节阀门从较小逐渐开大，使管中水流由层流过渡到湍流，当有色水线刚刚开始横向扩散时，即为上临界状态。此时用量杯测定流量，并计算相应的上临界 Reynold 数。

② 按上述步骤再进行 1 或 2 次上临界 Reynold 数的测定。

五、注意事项

（1）每调节流量调节阀门后，需等待几分钟，使流动稳定后再行观察。

（2）关小流量调节阀门过程中，注意不要把阀门完全关闭。

六、实验数据记录及处理

管道直径 $d=$ _____ mm；

水温 $t=$ _____ ℃；

运动黏度系数 $\nu = \dfrac{1.775}{1+0.0337t+0.000221t^2} =$ _____ mm²/s。

将实验数据填入表 3 - 1 中。

表 3 - 1　Reynold 实验数据表

实验次数	颜色水线形态	量杯体积/m³	时间/s	流量/(cm³/s)	流速/(cm/s)	Reynold 数	阀门开度增(↑)或减(↓)
实测下临界 Reynold 数（平均值）Re_{cr}=								

注：颜色水线形态指稳定直线、稳定略弯曲、直线抖动、完全扩散开等。

七、思考题

（1）流态判据为何采用无量纲参数 Reynold 数，而不采用临界流速？

（2）工程中为何认为上临界 Reynold 数无实际意义，而采用下临界 Reynold 数作为流态判据？

（3）分析实验误差的原因。

实验二　能量方程实验

一、实验目的

（1）验证流体的能量方程。

（2）熟悉流体流动中各种压强、水头的概念及能量转换关系，并掌握 Bernoulli 方程。

二、实验设备

LTZ-15 流体力学综合实验台。

三、实验原理

在实验管路中，沿管内水流方向取若干个横截面。可以列出截面 1 至另一截面 i 的能量方程如下：

$$\frac{p_1}{\rho g} + \frac{\alpha_1 V_1^2}{2g} + z_1 = \frac{p_i}{\rho g} + \frac{\alpha_i V_i^2}{2g} + z_i + h_f \qquad (3-24)$$

式中，V_1、V_i 分别为流体管道上游某截面 1 和下游某截面 i 处的流速；p_1、p_i 分别为流体管道上游截面 1 和下游截面 i 处的压强；z_1、z_i 分别为流体在管道上游截面 1 和下游截面 i 中心至基准水平的垂直距离；ρ 为流体密度；g 为重力加速度；h_f 为流体两截面之间耗散的机械能，也即水头损失。

式(3-24)中的各项都具有长度量纲，表示单位重量流体所具有的各类机械能可以把流体自身从基准水平面升举到的位置。各类机械能均可以用测压管中的液柱高度来表示。

能量方程实验管道每个位置布置有两个测压管。弯管相当于 Pitot 管的内管，可测得管内任一点的流体总水头。本实验已将测压管开口布置在实验管的轴心处，故所测得的总压为轴心处的。直管相当于 Pitot 管的外管，测得静压。

由于实验用的压差板上各测压点零刻度线等高，因此弯管实际上测得的是总水头：

$$\frac{p}{\rho g} + \frac{\alpha V^2}{2g} + z \qquad (3-25)$$

直管测得是测压管水头：

$$\frac{p}{\rho g} + z \qquad (3-26)$$

由于实际流动为湍流，取各 $\alpha = 1$。利用两管中流体的高度差 Δh 便可计算出轴心处的点速度：

$$V_p = \sqrt{2g\Delta h} \qquad (3-27)$$

四、实验步骤

(1) 熟悉实验设备，分清两种测压管的区别，并记录有关常数。

(2) 供水使水箱充满水，待水箱溢流，打开能量方程实验管总阀门，待各测压管上水一段时间后，再将出水口附近的流量调节阀门完全关闭。此时由于流速为零，各管道之间水头应相等。检查所有测压管水面是否齐平，如不平则需查明故障原因(例如连通管受阻、漏气或有气泡等)并加以排除,直至各测压管水面齐平。

(3)打开流量调节阀门,待流量稳定后,测记各测压管液面读数,同时测记实验流量。

(4)改变流量,重复上述测量。共测量 5 组数据。

五、实验数据记录及处理

(1)计算任一工况各测点处的轴心点速度和平均流速,并填入表 3 - 2 中。轴心点速度通过总水头减去测压管水头计算,平均速度通过量杯测量的流量计算。

表 3 - 2 流体速度记录与计算表

项目＼序号	1	2	3	4
轴心点速度 V_p/(m/s)				
平均速度 V/(m/s)				
管内径/mm				

(2)改变流量调节阀门的打开程度,计量不同阀门开度下的流量及相应的总水头、测压管水头,并填入表 3 - 3 中。

表 3 - 3 能量方程实验管工况点实验数据记录表

项目＼序号	1		2		3		4		流量/(m³/s)
	总水头	测压管水头	总水头	测压管水头	总水头	测压管水头	总水头	测压管水头	
不同阀门开度									
能量方程管中心高度/mm									
能量方程管内径/mm									

六、思考题

(1) 测压管水头线和总水头线的变化趋势有何不同？为什么？

(2) 流量增加，测压管水头线有何变化？为什么？

实验三　沿程阻力实验

一、实验目的

(1) 学会测定管道 Darcy 摩擦因子 f 的方法。

(2) 掌握圆管层流和湍流的沿程损失随平均流速变化的规律。

二、实验设备

LTZ-15 流体力学综合实验台。

三、实验原理

(1) 对于通过直径不变的圆管的恒定水流，两截面间水头损失为

$$h_f = f \frac{L}{d} \frac{V^2}{2g}$$

(3－28)

式中：f 为沿程水头损失系数，也即 Darcy 摩擦因子；L 为两截面之间的管段长度；d 为管道直径；V 为平均流速。若在实验中测得 h_f 和断面平均流速，则可直接计算得到沿程水头损失系数。

(2) 不同类型管道、不同流动形态的 Darcy 摩擦因子与平均流速的关系是不同的。

① 对于圆管层流流动，不论是光滑管还是粗糙管，都有

$$f = \frac{64}{Re}, \quad h_f \propto V \tag{3-29}$$

② 对于光滑管，湍流流动可取

$$f = \frac{0.3164}{Re^{0.25}}, \quad h_f \propto V^{1.75} \quad (4000 < Re < 10^5) \tag{3-30}$$

可见，对于光滑管，Darcy 摩擦因子只取决于 Reynold 数。

③ 对于粗糙管，湍流流动有

$$f = \frac{1}{\left[1.74 + 2\lg\left(\frac{d}{2\varepsilon}\right)\right]^2}, \quad h_f \propto V^2 \tag{3-31}$$

Darcy 摩擦因子完全由粗糙度 ε 决定，与 Reynold 数无关，所以湍流粗糙管区通常也叫做阻力平方区。

④ 对于湍流而言，光滑区和粗糙区之间存在过渡区，Darcy 摩擦因子与 Reynold 数和粗糙度都有关，没有较好的表达式，作为过渡区，水头损失与速度之间有如下关系：

$$h_f \propto V^{1.75 \sim 2} \tag{3-32}$$

四、实验步骤

（1）记录有关实验常数。

（2）接通电源，打开沿程阻力实验管的阀门。过一段时间后关闭出水阀，查看两测压管是否齐平，如不平则需检查气泡等干扰。

（3）实验装置检查完毕后，即可进行实验测量。逐次开大流量调节阀，每次调节流量后，均需稳定 2～3 分钟，流量愈小，所需稳定时间就愈长；测流量时间不小于 30 s。测流量的同时，需测记两个部位的测压管读数。

（4）实验完成后关闭水量调节阀，检查测压管液面是否齐平，如齐平，则关闭电源，实验结束；否则需重做。

五、实验数据记录及处理

1. 数据记录及计算

$d = $ _____ mm；

$L = $ _____ mm；

水温 = _____ ℃；

$\nu = \dfrac{1.775}{1 + 0.0337t + 0.000221t^2} = $ _____ mm²/s。

将实验数据和计算结果填入表 3-4 中。

表 3-4　沿程阻力数据表

次序	体积 /mm³	时间 /s	流量 Q /(mm³/s)	流速 V /(mm/s)	水温 /℃	运动黏度系数 ν /(mm²/s)	雷诺数 Re	压差计读数/mm	沿程损失 h_f /mm	沿程损失系数 f
1										
2										
3										
4										
5										
6										
7										
8										
9										
10										

2. 绘图分析

在对数坐标纸上，或利用软件(如 MatLab)绘制 $\lg V$-$\lg h_f$ 曲线，并拟合指数关系值 n 的大小(直线的斜率)。若流速变化范围较大，可能是多条不同斜率的直线。将每条直线求得的 n 值与已知各流区的 n 值(即层流 $n=1$，光滑管湍流区 $n=1.75$，粗糙管湍流区 $n=2.0$，湍流过渡区 $1.75<n<2.0$)进行比较，确定流态区以及管道的水力粗糙特性。

六、思考题

(1) 为什么压差板的水柱差就是沿程水头损失？如果实验管道安装得不水平，是否影响实验结果？

（2）本次实验结果与 Moody 图吻合与否？分析原因。

░░░░░░░░░░░░░░░░░░░░░░░░░░░░░░░░ ■

实验四　局部阻力实验

一、实验目的

（1）学会量测突扩、突缩圆管局部阻力损失系数。

（2）对局部阻力损失系数的公式进行验证。

二、实验设备

LTZ-15 流体力学综合实验台。

三、实验原理

（1）当管道截面大小突变时，流动会分离形成不稳定的剪切层，并产生旋涡，造成不可逆的能量耗散。与沿程因摩擦造成的分布损失不同，这部分损失可以看成集中在管道边界的突变处，因此称为局部水头损失。

（2）仿照沿程阻力损失，定义局部水头损失 h_{m} 为

$$h_{\mathrm{m}} = K\frac{V^2}{2g} \tag{3-33}$$

其中，K 为局部阻力损失系数。由于管道直径不同，应明确 V 对应的是哪个速度。以下无论是突扩还是突缩，V 均对应小管速度。

（3）局部水头损失的成因复杂，除了突扩圆管的情况以外，一般难以用解析方法确定，而要通过实测来得到各种局部水头损失系数。

对于突扩圆管，可推导出局部阻力损失系数的表达式：

$$K = \left(1 - \frac{d_1^2}{d_2^2}\right)^2 \tag{3-34}$$

其中，d 为直径，下标 1 表示小管，2 表示大管。对于突缩圆管，局部阻力损失系数只有经验公式，常用的公式为

$$K = 0.42 \times \left(1 - \frac{d_1^2}{d_2^2}\right)^2 \qquad (3-35)$$

（4）局部阻力损失系数的计算。局部阻力损失系数实验管路如图 3-5 所示，共布置 5 个测压点（A、C、D、F、G）。

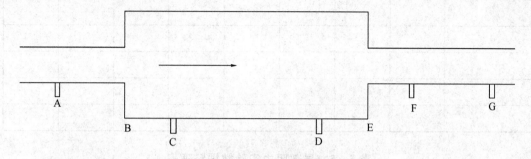

图 3-6　局部阻力损失系数实验管路示意图

在计算突扩损失系数时，若直接测量 A、C 两点的水头损失，则水头损失中不仅包括局部损失，也包括 A、B 两点间和 B、C 两点间的沿程损失。因此 h_m 的计算应扣除这些局部损失。由于局部损失与长度成正比，因此 AB 段的局部损失可由 FG 段的局部损失按照长度比例确定，后者可以直接测量。BC 段局部损失可由 CD 段的局部损失按长度比例确定，后者也可以直接测量。

在计算突缩损失系数时，也要扣除沿程损失。方法与突扩时相同。

四、实验步骤

（1）做好实验前的各项准备工作，记录与实验有关的常数。

（2）打开电源，待水箱溢流后，检查水量调节阀关闭时各测压管液面是否齐平，若不平，则需排气调平。

（3）打开水量调节阀至最大开度，等流量稳定后，测记测压管读数，同时用量杯测量流量。

（4）调整水量调节阀至不同开度，再重复上述过程 4 次，分别测记测压管读数及流量。

（5）实验完成后关闭水量调节阀，检查测压管液面是否齐平，如齐平，则关闭电源，实验结束；否则需重做。

五、实验数据记录及处理

$L_{AB} =$ _____ mm，$L_{BC} =$ _____ mm，$L_{CD} =$ _____ mm，$L_{DE} =$ _____ mm，$L_{EF} =$ _____ mm，$L_{FG} =$ _____ mm；

细管 $d_1 =$ _____ mm，粗管 $d_2 =$ _____ mm。

根据实验完善表 3-5 和表 3-6。

表 3 - 5　流量和测压管读数记录表

次序	流量/(cm³/s)			测压管读数/cm				
	体积	时间	流量	A	C	D	F	G

表 3 - 6　局部阻力实验数据整理表

阻力形式	序号	流量/(cm³/s)	小管流速/(cm/s)	总损失/cm	沿程损失/cm	局部损失/cm	局部阻力损失系数 K 的实验值	局部阻力损失系数 K 的理论值
突然扩大								
突然缩小								

六、思考题

(1) 结合实验结果，分析比较突扩与突缩在相应条件下的局部损失大小。

（2）将实验测得的 K 值、理论公式计算的 K 值（突扩）、经验公式计算的 K 值（突缩）相比较，并对比较结果作出分析。

★本章参考文献

[1]　丁祖荣. 流体力学[M]. 2 版. 北京：高等教育出版社，2013.

[2]　张鸣远，景思睿，李国君. 高等工程流体力学[M]. 北京：高等教育出版社，2012.

[3]　White F M. Fluid Mechanics [M].影印版. 5 版. 北京：清华大学出版社，2004.

[4]　流体力学综合实验台(LTZ‐15)设备使用说明书. 哈尔滨：哈尔滨东光教学实验设备有限公司.

第四章　振动力学实验

4.1　基础知识

4.1.1　单自由度系统的自由衰减振动

考虑单自由度系统：

$$m\ddot{x}+c\dot{x}+kx=0 \tag{4-1}$$

其中，m、c、k 分别为质量、阻尼系数和刚度，均大于零。

将式（4-1）改写成：

$$\ddot{x}+2\xi\omega_0\dot{x}+\omega_0^2 x=0 \tag{4-2}$$

其中，

$$\omega_0=\sqrt{\frac{k}{m}}, \quad \xi=\frac{c}{2\sqrt{km}} \tag{4-3}$$

前者为无阻尼固有频率，后者称为阻尼比。假设式（4-2）的解具有如下形式：

$$x(t)=Ce^{st} \tag{4-4}$$

考虑非平凡解，即不恒为零的解，则 $C\neq0$。将式（4-4）代入式（4-2）可得特征方程：

$$s^2+2\xi\omega_0 s+\omega_0^2=0 \tag{4-5}$$

其特征根为

$$s_{1,2}=(-\xi\pm\sqrt{\xi^2-1})\omega_0 \tag{4-6}$$

当阻尼过大时，系统将不会产生振动。考虑阻尼比 ξ 较小，即 $\xi<1$ 的情形，称为欠阻尼状态。此时式（4-6）中的特征根为共轭复数，式（4-2）的通解为

$$x(t)=C_1 e^{s_1 t}+C_2 e^{s_2 t}=C_1 e^{(-\xi+j\sqrt{1-\xi^2})\omega_0 t}+C_2 e^{(-\xi-j\sqrt{1-\xi^2})\omega_0 t} \tag{4-7}$$

其中，C_1、C_2 为复常数，由初始条件确定。虽然从形式上看，式（4-7）的表达式可能是复数，但实际上，由于初始条件为实数，代入初始条件求出 C_1、C_2 后，$x(t)$ 的表达式必然为实数。

因为 $x(t)$ 实际上为实数，为了更方便使用，利用欧拉公式，将式（4-7）进一步整理：

$$x(t) = C_1 e^{s_1 t} + C_2 e^{s_2 t} = C_1 e^{(-\xi + j\sqrt{1-\xi^2})\omega_0 t} + C_2 e^{(-\xi - j\sqrt{1-\xi^2})\omega_0 t}$$

$$= e^{-\xi \omega_0 t}(C_1 e^{j\sqrt{1-\xi^2}\omega_0 t} + C_2 e^{-j\sqrt{1-\xi^2}\omega_0 t})$$

$$= e^{-\xi \omega_0 t}\left[(C_1 + C_2)\cos\sqrt{1-\xi^2}\omega_0 t + j(C_1 + C_2)\sin\sqrt{1-\xi^2}\omega_0 t\right]$$

$$= e^{-\xi \omega_0 t}(A_1 \cos\sqrt{1-\xi^2}\omega_0 t + A_2 \sin\sqrt{1-\xi^2}\omega_0 t) \tag{4-8}$$

理论上 A_1、A_2 为复常数，由初始条件确定。但只要初始条件为实数，则从式（4-8）最后一步可以看出，A_1、A_2 必然为实常数。将式（4-8）进一步整理为

$$x(t) = e^{-\xi \omega_0 t}(A_1 \cos\sqrt{1-\xi^2}\omega_0 t + A_2 \sin\sqrt{1-\xi^2}\omega_0 t)$$

$$= A e^{-\xi \omega_0 t}\sin(\sqrt{1-\xi^2}\omega_0 t + \theta)$$

$$= A e^{-\xi \omega_0 t}\sin(\omega_d t + \theta) \tag{4-9}$$

其中，A 和 θ 由初始条件确定：

$$A = \sqrt{x_0^2 + \left(\frac{\dot{x}_0 + \xi\omega_0 x_0}{\omega_d}\right)}, \quad \tan\theta = \frac{\omega_d x_0}{\dot{x}_0 + \xi\omega_0 x_0} \tag{4-10}$$

而

$$\omega_d = \sqrt{1-\xi^2}\,\omega_0 \tag{4-11}$$

为系统的有阻尼固有频率，显然该频率低于无阻尼固有频率 ω_0，说明阻尼减慢了系统的振动速度。其周期为

$$T_d = \frac{2\pi}{\omega_d} = \frac{2\pi}{\omega_0\sqrt{1-\xi^2}} \tag{4-12}$$

事实上，式（4-9）中，振幅随时间衰减，因此运动并非真正的周期运动。相邻两个同方向振幅之比为常数：

$$\eta = \frac{A_1}{A_2} = \frac{A e^{-\xi\omega_0 t}}{A e^{-\xi\omega_0(t+T_d)}} = e^{\xi\omega_0 T_d} = e^{\frac{2\pi\xi}{\sqrt{1-\xi^2}}} \tag{4-13}$$

根据式（4-13）（振幅之比）便可求出阻尼比。

4.1.2　单自由度系统的受迫振动

考虑受简谐激励作用的单自由度系统：

$$m\ddot{x} + c\dot{x} + kx = F\sin\omega t \tag{4-14}$$

将其化为

$$\ddot{x} + 2\xi\omega_0\dot{x} + \omega_0^2 x = \frac{F_0}{m}\sin\omega t \tag{4-15}$$

方程式（4-15）为非齐次线性微分方程，其解由对应齐次线性微分方程的通解式（4-9）

和特解组成。下面求特解,设其具有以下形式:

$$x^* = X\sin(\omega t - \phi) \tag{4-16}$$

由于激励和响应是因果关系,响应的相位必然落后于激励,因此为了方便,相角之前为负号。将式(4-15)代入式(4-13)可得

$$(k-m\omega^2)X\sin(\omega t - \phi) + c\omega X\cos(\omega t - \phi) = F_0\sin\omega t \tag{4-17}$$

利用三角公式将式(4-17)等号右边改写成:

$$F_0\sin\omega t = F_0\sin((\omega t - \phi) + \phi)$$
$$= F_0\cos\phi\sin(\omega t - \phi) + F_0\sin\phi\cos(\omega t - \phi) \tag{4-18}$$

将式(4-18)代入式(4-17),比较系数可得

$$\begin{cases} (k-m\omega^2)X = F_0\cos\phi \\ c\omega X = F_0\sin\phi \end{cases} \tag{4-19}$$

从而可得

$$\begin{cases} X = \dfrac{F_0}{\sqrt{(k-m\omega^2)^2 + (c\omega)^2}} \\ \tan\phi = \dfrac{c\omega}{k-m\omega^2} \end{cases} \tag{4-20}$$

因此,系统的响应为

$$x(t) = Ae^{-\xi\omega_0 t}\sin(\omega_d t + \theta) + \dfrac{F_0\sin(\omega t - \phi)}{\sqrt{(k-m\omega^2)^2 + (c\omega)^2}} \tag{4-21}$$

其中,A 和 θ 由初始条件确定。式(4-21)说明系统响应由第一项的衰减振动和第二项的稳态振动组成。注意由于式(4-21)多了等式右侧第二项,A 和 θ 的表达式不再是式(4-10)。与(4-10)不同,当初始速度和位移均为零时,A 并不为零,也就是仍然存在有暂态的衰减振动,称为自由伴随振动。

通常只关心稳态的振动,其频率与激励频率相同,因此只需要振幅和相位两个参数即可确定稳定振动的规律。定义:

$$r = \dfrac{\omega}{\omega_0}, \quad X_0 = \dfrac{F_0}{k} \tag{4-22}$$

式中:r 为频率比;X_0 为静载作用时的位移。则

$$\begin{cases} X = \dfrac{X_0}{\sqrt{(1-r^2)^2 + (2\xi r)^2}} \\ \tan\phi = \dfrac{2\xi r}{1-r^2} \end{cases} \tag{4-23}$$

再定义振幅放大因子:

$$\beta = \frac{1}{\sqrt{(1-r^2)^2+(2\xi r)^2}} \tag{4-24}$$

表示不同频率简谐激励下的振幅与静力变形的比值。

图 4-1 绘制出了不同阻尼比时，振幅放大因子和相角滞后随频率比（横轴）的变化曲线，称为幅频特性曲线和相频特性曲线，若将振幅放大因子取 20log( )，即为控制理论中的 Bode 图。

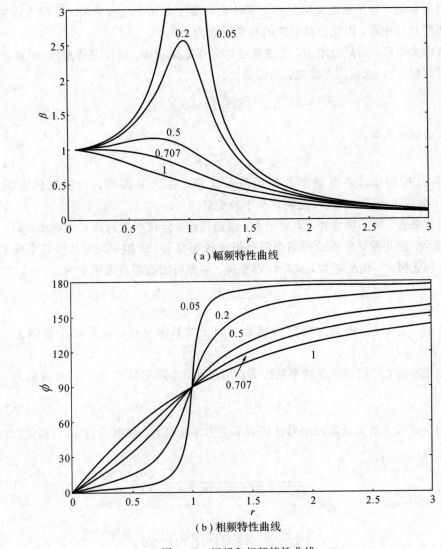

（a）幅频特性曲线

（b）相频特性曲线

图 4-1　幅频和相频特性曲线

图 4-1 展现的信息较为丰富，主要如下：

(1) 当阻尼较小、激励频率较低时，激励近似于静态，此时惯性力很小，刚度起主导作用。系统振幅放大因子接近 1，由于加载较慢，响应可以认为是静位移，几乎没有相位滞后。

(2) 当阻尼较小，激励频率较高时，加速度很大，质量占主导地位。力和加速度相位近似相同，由于位移与加速度差 180°相位，因此位移响应的相角滞后近似为 180°。

(3) 当激励频率等于系统无阻尼固有频率时，惯性力和弹性力抵消，阻尼力占主导地位，力与速度相位相同，因此位移响应的相角滞后为 90°。

(4) 若增大阻尼，阻尼力增加，无论是低频区还是高频区，相位滞后都向 90°逼近。

(5) 对式(4-24)求极值可发现，当阻尼比：

$$\xi \leqslant \frac{1}{\sqrt{2}} \qquad (4-25)$$

时，曲线取极值的频率为

$$\omega_{\mathrm{m}} = \omega_0 \sqrt{1-2\xi^2} \qquad (4-26)$$

该频率称为共振频率。共振频率处振幅取最大值，称为共振峰。当阻尼比不满足式(4-25)时，曲线单调减小，此时振幅总小于静变形。

(6) 总体来看，同一频率处，阻尼越大，振幅越小，但频率越远离共振频率，阻尼对振幅的影响越小，而共振峰附近的振幅受阻尼影响较为显著。无阻尼时，共振频率为系统固有频率，振幅无穷大。阻尼越大，共振峰越平缓。共振时的振幅放大因子为

$$\beta_{\max} = \frac{1}{2\xi \sqrt{1-\xi^2}} \qquad (4-27)$$

根据式(4-27)可以由共振时的振幅放大因子估算阻尼比。该公式不依赖于小阻尼假设。

当阻尼很小时，可以采用半功率点法估算阻尼比。小阻尼时式(4-27)可近似为

$$\beta_{\max} \approx \frac{1}{2\xi} \qquad (4-28)$$

定义响应幅值为最大值除以根号 2 的频率点为半功率点。根据式(4-24)和式(4-28)，频率比 r 应满足：

$$\frac{1}{\sqrt{(1-r^2)^2 + (2\xi r)^2}} = \frac{1}{2\sqrt{2}\,\xi} \qquad (4-29)$$

可解得

$$\begin{cases} r_1^2 = 1-2\xi^2 - 2\xi\sqrt{1+\xi^2} \approx 1-2\xi \\ r_2^2 = 1-2\xi^2 + 2\xi\sqrt{1+\xi^2} \approx 1+2\xi \end{cases} \qquad (4-30)$$

由于

$$r_1^2 = \left(\frac{\omega_1}{\omega_0}\right)^2, \quad r_2^2 = \left(\frac{\omega_2}{\omega_0}\right)^2 \tag{4-31}$$

结合式(4-30)与式(4-31)可得

$$\omega_1 + \omega_2 \approx 2\omega_0 \tag{4-32}$$

以及

$$\omega_2^2 - \omega_1^2 = 4\xi\omega_0^2 \tag{4-33}$$

根据式(4-32)与式(4-33)可得

$$\omega_2 - \omega_1 \approx 2\xi\omega_0 \tag{4-34}$$

最终得到阻尼比的估算公式为

$$\xi \approx \frac{\omega_2 - \omega_1}{2\omega_0} \tag{4-35}$$

由于无阻尼固有频率 ω_0 一般未知，阻尼比较小时，根据式(4-26)，无阻尼固有频率 ω_0 可用共振频率 ω_m 替代：

$$\xi \approx \frac{\omega_2 - \omega_1}{2\omega_m} \tag{4-36}$$

4.1.3　多自由度系统的自由振动

考虑如下无阻尼 n 自由度振动系统：

$$M\ddot{x} + Kx = 0 \tag{4-37}$$

其中，M、K 分别为质量矩阵和刚度矩阵，均为 n 阶方阵。设系统存在这样一种振动：各自由度以同一频率和相位作不同振幅（振幅可正可负）的振动，也就是说各自由度同时达到位移最大值、同时达到平衡位置，振动方向可以不同。这种驻波解写作：

$$x = A\sin(\omega t + \theta) \tag{4-38}$$

将式(4-38)代入式(4-37)可得齐次线性方程组：

$$(K - \omega^2 M)A = 0 \tag{4-39}$$

齐次线性方程组总有零解，但零解代表不振动的情形。式(4-39)的系数矩阵为方阵，根据 Cramer 法则，其有非零解的充要条件为系数矩阵行列式为零：

$$|K - \omega^2 M| = 0 \tag{4-40}$$

根据式(4-40)可以解出 n 个 ω，这 n 个 ω 称为系统的固有频率。当系统的约束足够时，不存在零固有频率（刚体位移）。当式(4-40)没有重根时，每阶固有频率 ω_i 可解出一个式(4-39)的通解：

$$A^{(i)} = \phi^{(i)} = C\begin{pmatrix} a_1^{(i)} & a_2^{(i)} & \cdots & a_n^{(i)} \end{pmatrix}^{\mathrm{T}} \tag{4-41}$$

称为第 i 阶模态。该通解不唯一，但该向量中各元素的比值是不变的，代表了系统以频率 ω_i 自由振动时，各自由度振幅的比值。显然其满足：

$$(K-\omega_i^2 M)\boldsymbol{\phi}^{(i)}=0 \tag{4-42}$$

将上式写成：

$$K\boldsymbol{\phi}^{(i)}=\omega_i^2 M\boldsymbol{\phi}^{(i)} \tag{4-43}$$

对于第 j 阶模态，同样有：

$$K\boldsymbol{\phi}^{(j)}=\omega_j^2 M\boldsymbol{\phi}^{(j)} \tag{4-44}$$

将式(4-43)各项转置后右乘 $\boldsymbol{\phi}^{(j)}$，注意质量和刚度矩阵均对称，有

$$\boldsymbol{\phi}^{(i)\mathrm{T}}K\boldsymbol{\phi}^{(j)}=\omega_i^2\boldsymbol{\phi}^{(i)\mathrm{T}}M\boldsymbol{\phi}^{(j)} \tag{4-45}$$

将式(4-44)各项左乘 $\boldsymbol{\phi}^{(i)\mathrm{T}}$，可得

$$\boldsymbol{\phi}^{(i)\mathrm{T}}K\boldsymbol{\phi}^{(j)}=\omega_j^2\boldsymbol{\phi}^{(i)\mathrm{T}}M\boldsymbol{\phi}^{(j)} \tag{4-46}$$

式(4-45)和式(4-46)相减可得

$$(\omega_i^2-\omega_j^2)\boldsymbol{\phi}^{(i)\mathrm{T}}M\boldsymbol{\phi}^{(j)}=0 \tag{4-47}$$

若第 i 阶固有频率与第 j 阶不等，则有关系式：

$$\boldsymbol{\phi}^{(i)\mathrm{T}}M\boldsymbol{\phi}^{(j)}=0 \tag{4-48}$$

代入式(4-45)可得

$$\boldsymbol{\phi}^{(i)\mathrm{T}}K\boldsymbol{\phi}^{(j)}=0 \tag{4-49}$$

同时定义二次型：

$$\begin{cases}\boldsymbol{\phi}^{(i)\mathrm{T}}M\boldsymbol{\phi}^{(i)}=M_{pi}\\\boldsymbol{\phi}^{(i)\mathrm{T}}K\boldsymbol{\phi}^{(i)}=K_{pi}\end{cases} \tag{4-50}$$

根据式(4-45)可知：

$$\omega_i=\sqrt{\frac{K_{pi}}{M_{pi}}} \tag{4-51}$$

当式(4-50)中对应质量矩阵的二次型正定时，容易根据式(4-48)用反证法证明：各模态向量线性无关。

证明如下：假设存在不全为零的系数 c_i，使：

$$c_1\boldsymbol{\phi}^{(1)}+c_2\boldsymbol{\phi}^{(2)}+\cdots+c_n\boldsymbol{\phi}^{(n)}=0 \tag{4-52}$$

可推出

$$\boldsymbol{\phi}^{(1)\mathrm{T}}M(c_1\boldsymbol{\phi}^{(1)}+c_2\boldsymbol{\phi}^{(2)}+\cdots+c_n\boldsymbol{\phi}^{(n)})=0 \tag{4-53}$$

利用式(4-48)和式(4-50)，可得

$$c_1 M_{p1}=0 \tag{4-54}$$

由于质量矩阵正定，M_{p1} 不为零，因此 $c_1=0$。类似可推出所有系数 $c_i=0$。这与假设矛

盾，因此各模态向量线性无关。

实际上即使式(4-50)中的二次型均为半正定，只要不存在一个模态向量使式(4-50)中两个二次型同时为零，仍可以利用反证法证明：各模态向量线性无关。实际上，若存在一个模态向量使式(4-50)中两个二次型同时为零，则表示在该种振动模式下，系统动能和势能始终同时为零，由于模态向量不为零向量，显然这是不可能的。

当式(4-40)存在 k 重根时，重根对应的解空间仍可以构造出 k 个线性无关的向量，互相满足式(4-48)和式(4-49)，囿于篇幅，不再做详细介绍。

将各阶模态列向量组成模态矩阵：

$$\boldsymbol{\Phi} = (\boldsymbol{\phi}^{(1)} \quad \boldsymbol{\phi}^{(2)} \quad \cdots \quad \boldsymbol{\phi}^{(n)}) \tag{4-55}$$

由于各阶模态向量线性无关，则方阵式(4-42)可逆，定义主坐标 x_p：

$$x_p = \boldsymbol{\Phi}^{-1} x \tag{4-56}$$

则有

$$x = \boldsymbol{\Phi} x_p \tag{4-57}$$

将式(4-56)代入式(4-37)，再左乘 $\boldsymbol{\Phi}^{\mathrm{T}}$，可得

$$\boldsymbol{M}_p \ddot{x}_p + \boldsymbol{K}_p x_p = 0 \tag{4-58}$$

根据式(4-48)~式(4-50)可知，矩阵 $\boldsymbol{M}_p$、$\boldsymbol{K}_p$ 均为对角矩阵：

$$\begin{cases} \boldsymbol{M}_p = \mathrm{diag}(M_{p1} \quad M_{p2} \quad \cdots \quad M_{pn}) \\ \boldsymbol{K}_p = \mathrm{diag}(K_{p1} \quad K_{p2} \quad \cdots \quad K_{pn}) \end{cases} \tag{4-59}$$

因此此时式(4-58)为 n 个独立微分方程。由于模态向量的选取并非唯一，因此这两个矩阵也并非唯一的。

4.1.4 多自由度系统的受迫振动

考虑如下无阻尼 n 自由度受迫振动系统：

$$\boldsymbol{M}\ddot{x} + \boldsymbol{K}x = \boldsymbol{F}\sin\omega t \tag{4-60}$$

将其转换至主坐标下：

$$\boldsymbol{M}_p \ddot{x}_p + \boldsymbol{K}_p x_p = \boldsymbol{F}_p \sin\omega t \tag{4-61}$$

其中，

$$\boldsymbol{F}_p = \boldsymbol{\Phi}^{\mathrm{T}} \boldsymbol{F}_0 = (F_{p1} \quad F_{p2} \quad \cdots \quad F_{pn})^{\mathrm{T}} \tag{4-62}$$

方程式(4-61)为 n 个独立的微分方程，其中第 i 个方程为

$$M_{pi}\ddot{x}_{pi} + K_{pi}x_{pi} = F_{pi}\sin\omega t \tag{4-63}$$

这里只考虑受迫振动的特解。类似4.1.2节中的推导，只不过令阻尼比为零，易得

$$x_{pi} = \frac{F_{pi}}{K_{pi}\left(1 - \left(\frac{\omega}{\omega_i}\right)^2\right)}\sin\omega t \tag{4-64}$$

由式(4-56)可知实际振动为各阶模态的叠加:

$$x = \boldsymbol{\Phi} x_p = \sum_1^n \frac{\phi^{(i)} F_{pi}}{K_{pi}\left(1-\left(\frac{\omega}{\omega_i}\right)^2\right)} \sin\omega t \tag{4-65}$$

当系统激励频率接近第 k 阶固有频率振动时,由式(4-65)可知第 k 个主坐标接近共振,若系统各阶固有频率都不是特别接近,可以略去其他非共振的主坐标:

$$x \approx \frac{\phi^{(i)} F_{pk}}{K_{pk}\left(1-\left(\frac{\omega}{\omega_k}\right)^2\right)} \sin\omega t \tag{4-66}$$

实际中,由于阻尼的存在,即使系统激励频率等于第 k 阶固有频率,振幅也不会是无限大。式(4-66)表明系统激励频率接近第 k 阶固有频率时,系统的振型接近第 k 阶模态。利用此方法,使激励频率等于第 k 阶固有频率,并观察各点的位移大小和方向,便可近似得到系统的第 k 阶模态。

4.1.5 离散 Fourier 变换

对于测得的振动信号,为了知道其由哪些简谐波构成,不同频率简谐波的幅值相对大小如何,需要将信号从时域变换到频域,称为频谱分析。由于目前多采用计算机处理数据,将振动信号转化为数字信号进行处理,因此频谱分析需要离散 Fourier 变换来完成。

在高等数学中,学习过无限长度,周期为 T 的函数 $x(t)$ 的 Fourier 级数展开:

$$x(t) = a_0 + \sum_{k=1}^{\infty}(a_k \cos k\omega_0 t + b_k \sin k\omega_0 t) \tag{4-67}$$

其中,

$$\omega_0 = \frac{2\pi}{T} \tag{4-68}$$

下面将式(4-67)写成复指数形式。根据欧拉公式可得

$$x(t) = a_0 + \sum_{k=1}^{\infty}\left(\frac{a_k - \mathrm{j}b_k}{2}e^{jk\omega_0 t} + \frac{a_k + \mathrm{j}b_k}{2}e^{-jk\omega_0 t}\right) \tag{4-69}$$

定义:

$$X(k) = X(k\omega_0) = \frac{a_k - \mathrm{j}b_k}{2} \tag{4-70}$$

根据高等数学知识,a_k 为 k 的偶函数,b_k 为 k 的奇函数,故有

$$X(-k) = \frac{a_k + \mathrm{j}b_k}{2} \tag{4-71}$$

令 $X(0) = a_0$,同时考虑到

$$\sum_{k=1}^{\infty} X(-k)\mathrm{e}^{-jk\omega_0 t} = \sum_{k=-1}^{-\infty} X(k)\mathrm{e}^{jk\omega_0 t} \tag{4-72}$$

可得到复指数形式的 Fourier 级数如下：

$$x(t) = \sum_{k=-\infty}^{\infty} X(k)\mathrm{e}^{jk\omega_0 t} \tag{4-73}$$

其中，系数：

$$X(k) = \frac{1}{T}\int_{t_0}^{t_0+T} x(t)\mathrm{e}^{-jk\omega_0 t}\,\mathrm{d}t \tag{4-74}$$

一般是复数，其模代表了频率为 $k\omega_0$ 的复形式谐波（称为 k 次谐波）的幅值，辐角代表相位。由于基于欧拉公式将正、余弦函数写成了复指数形式，式(4-63)中的谐波包含正、负频率两个部分，而负频率没有物理意义，因此只有将 $X(k)$ 和 $X(-k)$ 的模相加，才真正代表了 k 次谐波的幅值。

实际工程中为便于计算机处理，往往采集离散时间点上的信号，因此，将无限长周期信号在一个周期内以时间间隔 Δt（称为采样间隔）离散为点数为 N（称为采样点数）的离散信号，此时式(4-74)的积分成为级数：

$$\widetilde{X}(k) = \frac{1}{N\Delta t}\sum_{n=0}^{N-1} x(n\Delta t)\mathrm{e}^{-jk\omega_0(n\Delta t)}\Delta t = \frac{1}{N}\sum_{n=0}^{N-1} x(n\Delta t)\mathrm{e}^{-jk\frac{2\pi}{N\Delta t}(n\Delta t)}$$

$$= \frac{1}{N}\sum_{n=0}^{N-1} x(n)\mathrm{e}^{-\frac{j2\pi kn}{N}} \tag{4-75}$$

上式将 $x(n\Delta t)$ 简写成 $x(n)$。

式(4-75)可称为一种离散 Fourier 变换。不过，常用的离散 Fourier 变换的定义与之有所区别，为

$$X(k) = \sum_{n=0}^{N-1} x(n)\mathrm{e}^{-\frac{j2\pi nk}{N}} \tag{4-76}$$

将式(4-76)除以点数 N，就得到式(4-65)，也就是频率为 $k\omega_0$ 的谐波的复系数。

因为时间的离散化，谐波的个数不再是无穷多个。事实上，第 k 个谐波与第 $k+N$ 个谐波相等。证明如下：

$$\mathrm{e}^{\frac{j2\pi n(k+N)}{N}} = \mathrm{e}^{\left(\frac{j2\pi nk}{N}+j2\pi n\right)} = \mathrm{e}^{\frac{j2\pi nk}{N}}\mathrm{e}^{j2\pi n} = \mathrm{e}^{\frac{j2\pi nk}{N}} \tag{4-77}$$

同样，谐波的系数 $X(k)$ 也具有周期性，即 $X(k)=X(k+N)$。这是因为谐波本来是连续时间的函数，第 k 个谐波与第 $k+N$ 个谐波本不同，但进行了时间离散后，它们在离散的时间点上恰好相同（见 4.1.6 节）。因此，时间离散后只存在 N 个谐波，时间信号的谐波展开式可以写作：

$$x(n) = \frac{1}{N}\sum_{k=0}^{N-1} X(k)\mathrm{e}^{\frac{j2\pi nk}{N}} \tag{4-78}$$

另外还可证明 $X(k)$ 与 $X(N-k)$ 共轭。因此，假设 N 为偶数，谐波中实际上只有 $N/2$ 个是独立的(可以认为有一半是"负频率")。

式(4－76)和式(4－78)称为离散 Fourier 变换与逆变换。注意，离散 Fourier 变换得到的幅值需要除以 N 才能得到 Fourier 级数中的系数。

由于采集到的信号都是有限长度，因此在实际使用中，若采集的信号时间总长度为 T，则认为信号为无限长度，周期为 T。也就是相当于将信号进行了周期延拓，变成了无限长度、离散的周期信号。此时便可使用离散 Fourier 变换与逆变换进行频谱分析。此时最低次谐波的频率为

$$f_0 = \frac{1}{T} \qquad\qquad (4-79)$$

该值是离散 Fourier 变换可以求出的最低非零频率，也是各谐波间的频率差值。因此，为了使频率分辨率较好，信号总时间应尽可能长。在给定采样时间时，应使点数 N 尽可能大。

当点数 N 为 2 的幂时，可以使用快速 Fourier 变换进行计算，因此在实际应用中，总点数一般是 2 的幂。

4.1.6 采样定理

由上一小节可以看出，时间离散会造成高频谐波被"误认"为低频谐波的问题。这种现象是由于采样间隔过长造成的。定义采样频率：

$$f_s = \frac{1}{\Delta t} \qquad\qquad (4-80)$$

图 4－2 给出了采样频率为 1000 Hz 时，频率为 100 Hz 和 1100 Hz 的正弦波。可以看出，它们在采样点上完全一致，因此 1100 Hz 的谐波将被"当成"100 Hz 的谐波。

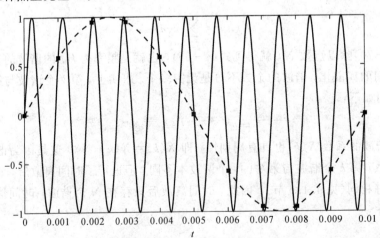

图 4－2 采样频率 1000 Hz 时频率为 100 Hz 和 1100 Hz 的正弦波

以 N 为偶数为例，由于只有 $N/2$ 个独立谐波，谐波频率的上限为

$$\frac{Nf_0}{2}=\frac{N}{2T}=\frac{1}{2\Delta t}=\frac{f_s}{2} \tag{4-81}$$

可以看出，采样频率越高，能分辨出的谐波频率越高，也就是能分辨出的振动频率越高。因此仪器的采样频率至少是需要测量的最高振动频率的 2 倍。实际应用中，在硬件条件足够时，采样频率应尽量高。

如果硬件条件有限，采样频率过低，则高频振动分量会混入低频振动分量中。如果只关心低频分量的准确幅值，为了避免这种情形，可以用滤波器将高频分量滤掉，称为抗混滤波。

4.2　实验设备与仪器

4.2.1　振动测试原理概述

振动测试系统一般通过向系统施加一个激励，然后采集响应信号进行分析，得到结构的特性。采集振动信号需要传感器，根据传感器的不同，测试系统可以分为压电式、应变式、电涡流式、光纤式、声压式、激光测振式等。本书主要介绍常用的压电式。图 4-3 给出了一个具体的压电振动测试系统。

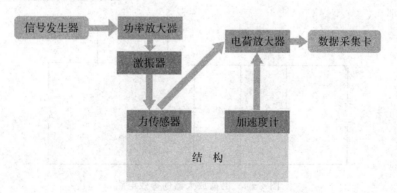

图 4-3　压电振动测试系统

系统的工作原理大致如下：信号发生器产生一个信号，如正弦波、随机信号等，经功率放大器放大后，驱动激振器产生激振力作用在结构上；激振器和结构之间一般安装有力传感器，用于将激振器施加的力转化为电信号；结构产生的振动加速度信号由加速度计转化为电信号；这些电信号经电荷放大器放大后，由数据采集卡采集转换为数字信号，以供计

算机处理。

4.2.2　压电传感器

压电传感器的敏感元件为压电晶体。这种晶体具有介电性能和弹性性能，同时还具有压电特性。考虑一压电圆片，其沿轴向极化，在受到轴向外加载荷时，上下表面会产生异号的电荷，电荷符号取决于载荷的方向。若压电片不受外电场作用，则电荷量与受力成正比。因此压电传感器中的压电元件可以看成一个受力会产生电荷的电容，其等效电路如图4-4所示。

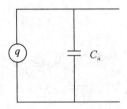

图4-4　压电元件的等效电路

由于电容会出现电荷泄漏，因此压电传感器不能用来测量静态载荷。压电晶体产生的电荷微弱，需要进行放大，而压电晶体内部阻抗很高，因此需要将压电传感器的输入信号接一个具有高输入阻抗、低输出阻抗的前置放大器。通常采用电荷放大器，其等效电路如图4-5所示。

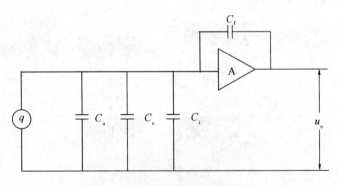

图4-5　电荷放大器的等效电路

由于运放的输入阻抗很大，可以将放大器的输入电阻和压电泄漏电阻忽略掉。图4-5中，C_c、C_i分别为电缆的等效电容、放大器的输入电容；C_f为反馈电容。由运放基本特性可得

$$u_o = -\frac{Aq}{C_a+C_c+C_i+(1+A)C_f} \approx -\frac{q}{C_f} \tag{4-82}$$

因此可看出，输出电压只取决于反馈电容和电荷，与电缆电容等无关。实际电路中，C_f通常

做成可选择的，以便调整量程。此外，目前的电荷放大器还具有滤波、积分等功能。其中积分功能可以将加速度传感器输出的加速度信号积分为位移信号。

压电传感器包括压电加速度计和压电力传感器，其原理类似，都利用的是压电晶体受力后输出电荷的特性。其中，前者所受力为惯性力。图 4-6 给出了压电加速度计的原理图。当加速度计安装于被测物体表面，产生加速度时，质量块会对压电元件产生惯性力，使加速度计输出电荷，根据电荷量可换算出加速度大小。显然质量越大，加速度计灵敏度越高，但质量过大会给结构带来较大的附加质量，改变结构特性。

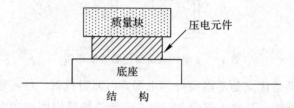

图 4-6 压电加速度计原理图

4.2.3 磁电式速度传感器

磁电式速度传感器利用线圈切割磁力线产生的感应电动势与速度大小成正比的原理，将被测速度转化为电压进行测量。磁电式速度传感器分为相对式和惯性式。下面以惯性式速度传感器为例进行介绍。惯性式速度传感器的基本结构是把一个具有一定质量的线圈组件用刚度极低的弹性元件悬挂在传感器壳体内部，壳体内固定有磁铁，试验时壳体固定在结构上随结构振动。

惯性式速度传感器的原理如图 4-7 所示，振动规律为

$$m\ddot{x} + c\dot{x} + kx = -m\ddot{y} \tag{4-83}$$

其中，m、c、k 分别为悬挂线圈的质量、阻尼、刚度。x 为质量块相对于外壳和结构的位移，y 为外壳和结构的位移。利用与 4.1.2 节类似的方法和记号，可导出

$$\begin{cases} \dfrac{X}{Y} = \dfrac{r^2}{\sqrt{(1-r^2)^2 + (2\xi r)^2}} \\ \tan\theta = \dfrac{2\xi r}{1-r^2} \end{cases} \tag{4-84}$$

由于线圈悬挂刚度很低，系统固有频率很低，频率比 r 远大于 1，在此条件下，容易分析得到

$$\begin{cases} \dfrac{X}{Y} \approx 1 \\ \theta \approx 180° \end{cases} \tag{4-85}$$

也就是说，线圈振动幅值与外壳近似相同，方向相反，因此 x 与 y 之和几乎为零，线圈在惯性系中近似静止。由于壳体的速度等于结构振动速度，因此线圈切割磁力线的速度就等于结构振动的绝对速度。

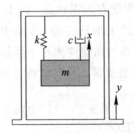

图 4-7　惯性式速度传感器原理图

惯性式速度传感器的优点是不需要外部电源，内部阻抗低，对测量仪器要求不高；缺点是由于内部采用了线圈，因此体积较大。为了降低悬挂线圈固有频率，悬挂系统也具有一定的重量。由于要求激励频率远高于悬挂系统频率，因此惯性式速度传感器不能测量频率较低的振动，下限一般在 10 Hz 左右。

4.2.4　电磁式激振器

为了测试结构的特性，需要利用激振设备对结构施加一些特殊的激励，以达到特定的实验目的。常用的激振设备有：振动台、电磁式激振器、力锤、电涡流激振器等。

下面以电磁式激振器中的小型预压力式激振器为例进行介绍，其结构简图如图 4-8 所示。

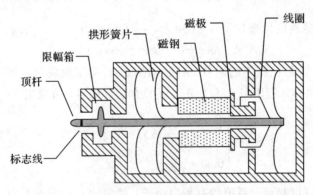

图 4-8　预压力式激振器

当线圈通入交变电流时，产生电磁感应力，该力使顶杆做往复运动。由于顶杆与结构接触时，只能对结构产生推力，不能产生拉力，因此在使用前，顶杆是预压在结构上的，这样在激励过程中，顶杆始终与结构接触，它和结构都始终处于受压状态。试验前要注意顶杆上标志线的位置，以便使顶杆位于限幅箱的中间。

由顶杆传递给结构的力的脉动分量（减去预压力）并不等于产生的电磁力，还要加上激振器可动部分的惯性力、弹性力和阻尼力。但由于可动部分质量小，簧片刚度低、阻尼小，因此可以近似认为传递给物体的脉动力等于电磁力。

注意，使用预压力式激振器时，由于结构是在静变形位置附近振动，因此若采用压电加速度计采集的信号进行积分，所得到的结果是位移的脉动分量，而不是真实的绝对位移。

激振器通常要和信号发生器、功率放大器配套使用。由信号发生器产生一个波形，经功率放大器放大后，驱动激振器以这个波形进行振动。功率放大器有定电压输出和定电流输出两种方式。对于电磁式激振器，其输出力的幅值与电流成正比，因此在进行扫频实验时，若打算使激励的幅值恒定，应采用定电流输出。

4.2.5　振动教学实验装置

振动教学实验装置是专门为振动类的课程教学开发的系统。下面以 XH1008 型振动教学实验装置为例进行说明，其原理框图如图 4-9 所示，其中的核心是多功能振动教学实验仪。实验时，由实验仪产生激励信号并放大，驱动激振器激励实验结构，同时实验仪采集传感器信号并放大，送入数据采集卡。数据采集卡由计算机的专用软件控制，它将模拟信号转为数字信号送入计算机，由软件显示和处理。

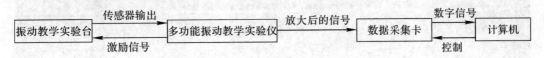

图 4-9　XH1008 型振动教学实验装置原理框图

振动教学实验装置的几个主要部分介绍如下：

（1）振动教学实验台。包括底座、梁、等强度梁、复合梁、圆板、质量块、油阻尼器激振器、加速度传感器、速度传感器、电涡流传感器等。

（2）多功能振动教学实验仪。这是一种集成了信号发生器、功率放大器、电荷放大器的多功能综合仪器，其前后面板如图 4-10 所示。

前面板区域 1 为频率显示屏、频率调节旋钮和扫频时间调节旋钮。频率显示屏的作用为显示当前正弦波的频率。频率显示屏下方左侧为频率调节旋钮，将其旋转可以改变信号源的正弦波频率，也就是激励频率，最高可达 1200 Hz，精度为 0.1 Hz。若将该旋钮按下，则会改变所调节的位数。例如，设当前频率为 12.0 Hz，按下旋钮后，显示屏中的 1、2、0 会有一个处在闪烁状态，表示目前旋转旋钮时会改变的位数。再按下旋钮会改变处于闪烁状态的数字，也就是旋转旋钮时会改变的位数。默认调节最后一位，但若只调节最后一位，只能使频率降至 10.0 Hz。更低的频率需要通过调节高位来实现。例如，若想把频率调至

5 Hz，可以先设置为 15.0 Hz，然后切换调节位数，把十位数的 1 调节为 0 即可。除了手动扫频外，仪器可设置自动扫描，即自动产生频率从低到高变化的正弦波。频率增长速度的快慢由扫频时间旋钮控制。

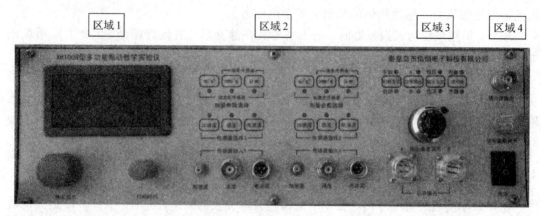

（a）前面板

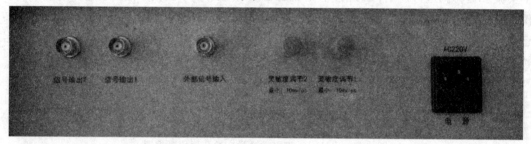

（b）后面板

图 4-10　多功能振动教学实验仪前后面板

　　前面板区域 2 为传感器接口和设置部分，一共可以接入两个传感器。每个接口可以选择使用加速度传感器、磁电式速度传感器或电涡流传感器，三种传感器接口不同，其测量参数可选择加速度（m/s^2 按钮）、速度（mm/s 按钮）和位移（μm 按钮）。例如，若采用加速度传感器，便可选择测量加速度、速度或者位移。当选择速度时，仪器会将速度信号进行一次积分，选择位移时积分两次。对于速度传感器，可选择速度或者位移，但由于仪器没有微分功能，故速度传感器不能选择加速度测量。而电涡流传感器由于直接测量的量是位移，因此不能进行测量参数的选择。

　　前面板区域 3 第一排为输入输出控制选择开关，共有四个按钮。扫频方式按钮控制频率的改变方式，用于选择是手动调节还是产生自动扫频信号。功率输出按钮用于选择接口 A 和 B 中的一个（第三排的两个接口）作为连接激振器的接口（只能同时接一个激振器）。输出方式按钮可选择功率放大器是恒压还是恒流输出。信号源按钮用于选择是采用仪器内部信号源还是外部信号发生器。区域 3 的第二排为输出幅值调节电位器，可调节功率放大器的放大倍数，对应于激励力的大小。区域 3 的第三排为连接激振器的接口，接口 A 和 B 分别连接接触式和磁力非接触式激振器。

前面板区域 4 从上到下依次是：信号源输出、信号波形调节和电源。信号源输出用于将仪器产生的波形输出到示波器等仪器；信号波形调节用于调节信号的失真度，也就是偏离正弦波的程度；电源用于控制仪器的打开和关闭。

后面板左侧两个信号输出接口用于将放大后的传感器信号输出至信号采集卡。外部信号输入接口用于连接外部信号源，两个灵敏度调节旋钮用于调节电荷放大器的放大倍数。最右侧为电源线插口。

(3) 数据显示和处理软件。图 4-11 给出了该软件的界面。界面除菜单命令外，还包括显示区、工具条、采集控制区。

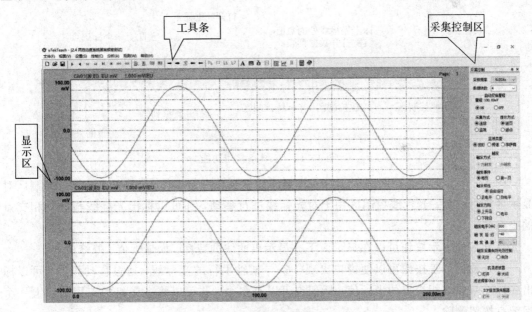

图 4-11　数据显示和处理软件界面

① 显示区可以同时显示两个通道的数据，或是 Lissajous 图形。采集控制区用于设置采集器的采样频率、数据块数、监视类型（显示区显示时域波形、频域波形或 Lissajous 图形）、抗混滤波是否打开等。

数据块数每块对应显示区的一页，每页默认为 1024 个数据点。例如，当设置采样频率为 128 Hz 时，若选择数据块数为 1，则由于 1 块数据为 1024 点，采集总时间为

1024/128＝8 s。在具体使用时，应根据需要测量最高频率 f_m 和频率分辨率（或最低频率）f_1，基于公式(4-79)~式(4-81)设置采样频率和数据块数。

考虑需要测量的波形为多频信号或宽频信号，其中最高频率为 f_m，最低非零频率为 f_1，则采样频率应至少选择 $2f_m$。采样总时间至少要求 $1/f_1$，若选定了采样频率 f_s，则采样点数至少为 f_s/f_1，才能测出最低频率波形的一个完整周期，当然实际中应尽量多测几个周期。

例如，需要测量的波形最高频率为 200 Hz，最低非零频率为 0.5 Hz，则采样频率至少应为 400 Hz。假设采样频率设置为 2048 Hz，根据最低频率，要求采样总时间至少为 2 s，采样点至少 2048/0.5＝4096 个。每块数据 1024 个点，因此数据块数至少应为 4096/1024＝4 块。

② 工具条主要用来对测得的数据曲线进行操作，其中一些常用的图标功能如图 4-12 所示。

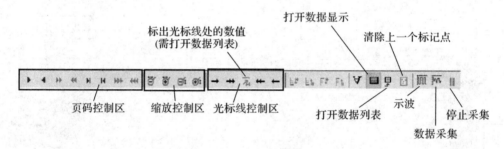

图 4-12 工具条常用功能

图 4-12 中，页码控制区用于对采集到的数据页数进行操作，如翻页等。缩放控制区对显示区进行缩放。光标线控制区用于对光标线进行移动，并可以标出光标线与曲线相交点的坐标值。

打开数据显示按钮可以在显示区下方显示出曲线的特性，如最大值、峰峰值等。

打开数据列表按钮可以使窗口出现一条与 y 轴平行的光标线，通过移动该线，可以标出光标线与曲线相交点的坐标值。标记点可以有多个，并可以将标记好的点用清除上一个标记点按钮删除。

示波按钮可以打开示波功能，此时显示区相当于一个示波器。点击数据采集按钮后，仪器会按照设定的采样频率和页数进行数据采集，途中可利用停止采集按钮停止。采集结束后，显示区会显示出最后一页的曲线。采集结束后可通过页码控制区按钮、缩放控制区按钮、打开数据列表按钮、打开数据显示按钮等获取所需的曲线信息。

4.3 基础实验

实验一 振动物理量测定实验

一、实验目的

(1) 掌握振动位移、速度、加速度之间的关系。

(2) 掌握用加速度传感器测量简谐振动各物理量。

二、实验仪器及安装示意图

实验仪器及其连接简图如图 4-13 所示。

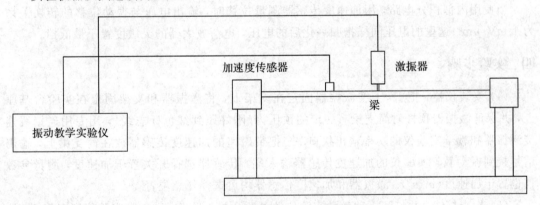

图 4-13 振动物理量测定实验仪器连接简图

三、实验原理

1. 简谐振动位移、速度、加速度之间的关系

设简谐振动频率为 ω，位移、速度、加速度分别为 x、v、a，其幅值分别为 X、V、A，设

$$x = X\sin(\omega t + \theta) \tag{4-86}$$

则

$$\begin{cases} v = \omega X\cos(\omega t + \theta) \\ a = -\omega^2 X\sin(\omega t + \theta) \end{cases} \tag{4-87}$$

因此有

$$\begin{cases} V = \omega X \\ A = \omega^2 X \end{cases} \tag{4-88}$$

2. 通过加速度传感器测量各物理量

加速度传感器的灵敏度单位为 pC/(m·s⁻²)，各传感器略有区别。测量值是电荷放大器输出的电压，当电荷放大器置于最低挡时，电荷与电压的转换关系为 10 mV/pC。

例如，加速度传感器的灵敏为 5 pC/(m·s⁻²)，若测得电荷放大器输出加速度幅值为 100 mV，则说明传感器电荷输出为 10 pC，相应的加速度为 2 m/s²。

为了方便使用，设加速度传感器的灵敏度为 D pC/(m·s⁻²)，设输出电压为 U，引入归一化电压 $U^* = U/D$。归一化后电荷放大器的转换灵敏度为 10 mV/(m·s⁻²)。

当使用内部积分电路，用加速度传感器测量速度时，输出电压与振动速度的转换关系为 5 mV/(mm·s⁻¹)。这里的电压同样指归一化后的电压，电荷放大器的灵敏度置于最低挡。

当使用内部积分电路，用加速度传感器测量位移时，输出电压与振动位移的转换关系为 1 mV/μm。这里的电压同样指归一化后的电压，电荷放大器的灵敏度置于最低挡。

四、实验步骤

(1) 安装仪器：把 JZ-1 型激振器固定在支架上，将激振器和支架固定在实验台基座上，并保证激振器顶杆对简支梁有一定的预压力(刚好压到红色标志线)，用专用连接线连接激振器和教学实验仪的功率输出接口 A。把带磁座的加速度传感器放在简支梁上，输出信号接到振动教学实验仪的加速度传感器输入端，传感器选择开关置于加速度，测量参数挡也置于加速度(m/s²)。激振器和加速度传感器均可选择任意位置。

(2) 检查接线，并打开振动教学实验仪的电源开关。调节振动教学实验仪频率旋钮，选定任一频率。

(3) 点击软件界面采集控制部分，"监视类型"选择"波形"，根据振动频率适当选择"采样频率"和"数据块数"。

(4) 采集振动波形，打开数据显示，读取采集波形的最大电压值。

(5) 改变测量参数挡位速度(mm/s)、位移(μm)，进行重复测试记录。

五、注意事项

(1) 安装加速度传感器时，应先将其放在与梁表面平行的位置，再缓慢安装，不可在距离梁表面较远处直接松手靠磁力吸附，以免损坏传感器。

（2）实验过程中不要改变正面的幅值调节电位器和背面的电荷放大器灵敏度调节旋钮。

六、实验数据记录及处理

激励频率＝_____。

将测量值与换算结果填入表 4-1 中。

表 4-1 振动物理量测定实验数据

加速度挡电压/mV	速度挡电压/mV	位移挡电压/mV
加速度/(m/s²)	速度/(mm/s)	位移/μm

注：根据计算出的加速度，依据式(4-88)计算出速度和位移的理论值。

实验二　单自由度系统衰减振动实验

一、实验目的

（1）掌握单自由度系统模型的自由衰减振动的有关概念。

（2）学习测试单自由度系统模型阻尼比的方法。

二、实验仪器及安装示意图

实验仪器及其连接简图如图 4-14 所示。

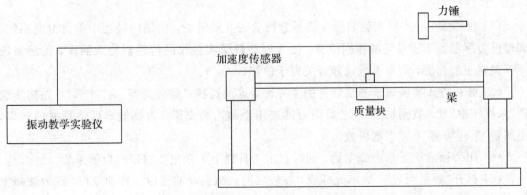

图 4-14 单自由度系统衰减振动实验仪器连接简图

三、实验原理

根据 4.1.1 节的知识，阻尼的计算可通过衰减振动的衰减比例来进行。根据式 (4-13)，相邻两个同方向振幅之比为

$$\eta = \frac{A_1}{A_2} = e^{\frac{2\pi\xi}{\sqrt{1-\xi^2}}} \tag{4-89}$$

通常引入对数衰减率：

$$\delta = \ln\eta = \ln\frac{A_1}{A_2} = \frac{2\pi\xi}{\sqrt{1-\xi^2}} \tag{4-90}$$

为了减小误差，通常测量相隔 n 个序号的波峰，此时的衰减为

$$\frac{A_1}{A_{n+1}} = \frac{Ae^{-\xi\omega_0 t}}{Ae^{-\xi\omega_0(t+nT_d)}} = e^{\xi\omega_0 nT_d} = e^{\frac{2\pi\xi}{\sqrt{1-\xi^2}}} \tag{4-91}$$

引入对数衰减率：

$$\ln\frac{A_1}{A_{n+1}} = n\frac{2\pi\xi}{\sqrt{1-\xi^2}} = n\delta \tag{4-92}$$

根据式 (4-92) 便可计算出衰减率 δ，进一步得到阻尼比为

$$\xi = \frac{\delta}{\sqrt{4\pi^2 + \delta^2}} \tag{4-93}$$

根据相隔 n 个峰值的时间间隔，可计算系统的衰减振动周期及有阻尼固有频率，进而根据：

$$\omega_d = \sqrt{1-\xi^2}\,\omega_0 \tag{4-94}$$

计算出无阻尼固有频率。

四、实验步骤

(1) 仪器安装。参照实验装置安装示意图安装好质量块，使结构接近于单自由度系统。加速度传感器置于质量块的相同位置，接入振动教学实验仪的传感器输入插座，传感器选择开关置于加速度，测量参数选择开关置于位移(m/s^2)。

(2) 开机进入实验教学测试软件的主界面，点击选择"监视类型"为"波形"，先初步选择"采样频率"和"数据块数"，之后用力锤或用手敲击简支梁，得到波形后估算振动频率，再调整"采样频率"和"数据块数"。

(4) 用力锤或用手敲击简支梁，同时点击工具栏上的采集按钮进行数据采集。

(5) 打开"数据列表"，显示光标线。在较好的衰减振动曲线段上移动光标，读取波峰值和相隔若干个的波峰值，并分别记录时间坐标和电压坐标。

五、注意事项

安装加速度传感器时，应先将其放在与梁表面平行的位置，再缓慢安装，不可在距离梁表面较远处直接松手靠磁力吸附，以免损坏传感器。

六、实验数据记录及处理

峰值间隔 $n=$ _____。

根据实验情况填表 4-2。

表 4-2　单自由度系统衰减振动实验数据

第一峰值时间坐标/ms	第一峰值电压坐标/mV	第二峰值时间坐标/ms	第二峰值电压坐标/mV

阻尼比计算：

无阻尼固有频率计算：

七、思考题

若波形为加速度信号或速度信号，能否用同样的方法计算？为什么？

实验三　阻尼减振实验

一、实验目的

（1）学习测量单自由度系统强迫振动的幅频特性曲线的方法。

（2）学习根据幅频特性曲线确定系统的固有频率和阻尼比的方法。

（3）了解阻尼比对幅频特性曲线的影响。

二、实验仪器及安装示意图

实验仪器及其连接简图如图 4-15 所示。

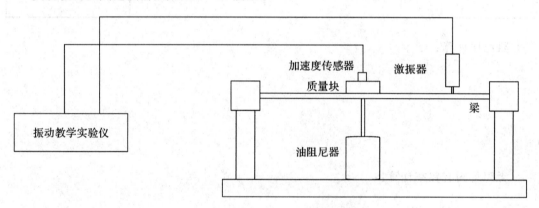

图 4-15　阻尼减振实验仪器连接简图

三、实验原理

当

$$\xi \leqslant \frac{1}{\sqrt{2}} \tag{4-95}$$

时，结构的共振频率为

$$\omega_{\mathrm{m}} = \omega_0 \sqrt{1 - 2\xi^2} \tag{4-96}$$

共振时的振幅放大因子为

$$\beta_{\max} = \frac{1}{2\xi\sqrt{1-\xi^2}} \tag{4-97}$$

根据式(4-97)可以由共振时的振幅放大因子估算阻尼比。该公式不要求阻尼为小阻尼。当阻尼很小时，可以采用半功率点法估算阻尼比。定义响应幅值为最大值除以 $\sqrt{2}$ 的频率点为半功率点，存在两个半功率点 ω_1 和 ω_2，分布于共振峰两侧。阻尼比较小时，可用下式估算：

$$\xi \approx \frac{\omega_2 - \omega_1}{2\omega_m}$$

(4 - 98)

当功放选择恒流输出时，力幅值恒定，可以直接用输出的位移幅值作为纵轴，而无需用位移与力之比作为纵轴。当电荷放大器增益不变时，无需将电信号转成位移信号，直接使用电信号作为纵轴即可。因此，最终只需画出横轴为频率（无需圆频率），纵轴为电压的曲线即可。

四、实验步骤

(1) 仪器安装：将质量块安装于简支梁中部上方，加速度传感器布置在质量块上。质量块的安装要在螺孔中留出空间，以便下一步在质量块下方安装油阻尼器。加速度传感器选择位移测量。扫频方式选择手动，功放输出选择恒流。

(2) 进入实验教学测试软件的主界面，点击选择控制面板上"监视类型"的"波形"。根据最低频率 5 Hz、最高频率 100 Hz，适当设定采样频率和数据块数。

(3) 利用振动教学实验仪的频率旋钮，手动搜索一下结构的共振频率，共振时手动调节一下功放的输出幅度调节旋钮，不要让共振时的信号过载。之后的实验过程中不要再转动功放的输出幅度调节旋钮。然后把频率调到 5 Hz 左右，手动逐步增大频率到 100 Hz，其中每个频率点采集数据，并打开数据显示读出幅值，进行记录。共振峰附近应多测一些点。

(4) 在集中质量下方安装油阻尼器，注意装好后圆盘不要与容器壁接触。重复上一步的过程，记录不同频率点的幅值。

五、注意事项

(1) 安装加速度传感器时，应先将其放在与梁表面平行的位置，再缓慢安装，不可在距离梁表面较远处直接松手靠磁力吸附，以免损坏传感器。

(2) 实验过程中不要改变正面的幅值调节电位器和背面的电荷放大器灵敏度调节旋钮。

六、实验数据记录及处理

(1) 将安装阻尼器前的幅频特性实验数据填入表 4 - 3 中。

表 4 - 3   安装阻尼器前的幅频特性实验数据

频率/Hz									
振幅/mV									
频率/Hz									
振幅/mV									

（2）将安装阻尼器后的幅频特性实验数据填入表 4 - 4 中。

表 4 - 4   安装阻尼器后的幅频特性实验数据

频率/Hz									
振幅/mV									
频率/Hz									
振幅/mV									

（3）根据实验数据，利用计算机绘制出安装阻尼器前后的幅频特性曲线，找出系统的共振频率。对于未安装阻尼器的情形，找出半功率点，利用公式(4 - 36)计算阻尼比。对于安装阻尼器后的情形，以 5 Hz 时的幅值近似静变形的幅值，利用公式(4 - 27)计算阻尼比。

七、思考题

根据实验情况，分析阻尼对单自由度系统稳态响应幅频特性的影响。

实验四 两自由度系统振动实验

一、实验目的

(1) 学习使用扫频法测量两自由度系统模态频率的方法。

(2) 学习使用自由响应来测量两自由度系统的模态频率的方法。

(3) 学习两自由度系统模态振型的测定方法。

二、实验仪器及安装示意图

实验仪器及其连接简图如图 4 – 16 所示。

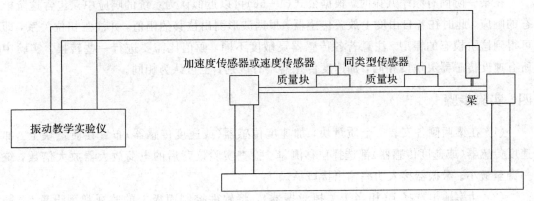

图 4 – 16　两自由度实验仪器连接简图

三、实验原理

在小阻尼情形下，可近似认为系统的共振频率与无阻尼固有频率相同。

1. 扫频测试

若对结构施加一个频率从小到大连续变化的简谐激励，当激励频率达到该结构的某一阶固有频率时，就会产生共振，响应幅值明显增大。将信号转换到频域，便可找出固有频率的值。

扫频测试需要注意：扫频速度不能太快，不然难以激发起稳态响应；激励点不能在结构某阶模态的节点上（模态振型中振幅为零的点），不然这阶模态将不会被激起，同样传感器位置也不能在节点上。

2. 锤击测试

根据自动控制原理知识，在频率域，系统的激励 F、响应 X 以及频响函数 H 之间有如下关系：

$$X(\omega) = H(\omega)F(\omega) \tag{4-99}$$

假设锤击力为理想脉冲函数，则 $F(\omega) = C$，C 为常数。有 $X(\omega) = CH(\omega)$。也就是将测得的响应变换到频率域便可得到与频响函数成比例的函数，根据该函数的极值就可以确定固有频率。实际的锤击力虽然不是理想脉冲函数，频谱不是常数，但仍可以辨别出固有频率峰值的位置，只是响应的频谱与频响函数相比，各固有频率峰值的相对大小有所不同。同样，锤击位置和传感器位置都不能在节点上。

3. 模态振型的测量

在某一阶固有频率共振时，根据公式（4-66）可以近似认为系统的响应中只包含这阶模态的响应。此时在各自由度上放置传感器，根据波形测出位移的幅值，并注意相位关系，即可得到这阶模态的振型。注意若各传感器灵敏度不同，幅值比需要进行一些转换。实验中所有速度传感器灵敏度相同，加速度传感器略有区别，也可认为相同。

四、实验步骤

（1）在梁两侧各安装一个质量块，加速度传感器（或速度传感器）布置在质量块上。加速度传感器（或速度传感器）都选择位移测量。检查实验仪背后的电荷放大器放大倍数，统一调至最小。激振器接入功率输出接口 A。

（2）功率输出选择 B（相当于关掉激振器），将软件控制面板上的监视类型设置为"频谱"，采样频率设置为 512 Hz，数据块数选择 4。点击数据采集，并用力锤快速敲击梁的任一处，数据采集完毕后便会生成频域曲线，记录下任一通道两个峰值的位置。

（3）功率输出选择 A，功放输出选择恒流，信号源选择内部，将扫频速度调到最慢。软件采样频率设置为 512 Hz，数据块数选择 32，监视类型选择为"频谱"。点击软件工具栏的数据采集按钮，同时立即将扫频方式切换为自动。采集结束后便可生成频域曲线。将扫频方式切换到手动（相当于停止扫频），记录下任一通道两个峰值的位置。

（4）监视类型选择波形，将激励频率调至第一阶固有频率处，记录两个通道幅值比和相位关系。再将激励频率调至第二阶固有频率处，记录两个通道幅值比和相位关系。

五、实验数据记录及处理

（1）锤击测试得到的固有频率。

$f_1 = $ _____；$f_2 = $ _____。

（2）扫频测试得到的固有频率。

$f_1 =$ _____；$f_2 =$ _____。

（3）根据测得的振幅比，给出两阶模态的振型列向量分别为

并绘出模态振型示意图：

六、思考题

为什么锤击实验需要快速敲击？

★本章参考文献

［1］ 季文美，方同，陈松淇. 机械振动［M］. 北京：科学出版社，1985.

［2］ 刘延柱，陈文良，陈立群. 振动力学［M］. 北京：高等教育出版社，1998.

［3］ Rao S S. Mechanical Vibrations［M］. Pearson Education，2018.

［4］ 刘习军，张素侠. 工程振动测试技术［M］. 北京：机械工业出版社，2016.

［5］ 陆秋海，李德葆. 工程振动试验分析［M］，2版. 北京：清华大学出版社，2015.

［6］ 曹树谦，张文德，萧龙翔. 振动结构模态分析：理论、实验与应用［M］. 2版. 天津：天津大学出版社，2014.

［7］ 张改慧，李慧敏，谢石林. 振动测试、光测与电测技术实验指导书［M］. 西安：西安交通大学出版社，2014.

［8］ XH1008 振动教学实验装置指导书. 秦皇岛：秦皇岛市信恒电子科技有限公司.